钩出超可爱
立体小物件100款
（花朵主题的花边篇）

日本美创出版　编著

何凝一　译

河南科学技术出版社

·郑州·

目录

EDGING & BRAID
巧用饰边和镶边
EXAMPLE

在生活中，饰边和镶边可运用至各种场合，下面就介绍几种巧妙运用饰边和镶边的方法。

96 花边拼接到纯色衬衫上，使衬衫更甜美可爱。作品详见P68

74（D）·76（B）·77（C）·81（A）
漂亮的花边放到框中，用做装饰也非常不错哦。
作品详见P52（74），P56（76，77），P57（81）

72 缠上本白色镶边的帽子，显得春意盎然。作品详见P52

15（左）·17（右）
穿入皮筋或线，制作成发圈和饰花。作品详见P17

50　加上花边装饰后，玩具盒更可爱了。作品详见P37

80　加上丝带后的花边成为一条纯美的挂饰。作品详见P57

59　大大的蔷薇花样与印花布相得益彰。作品详见P44

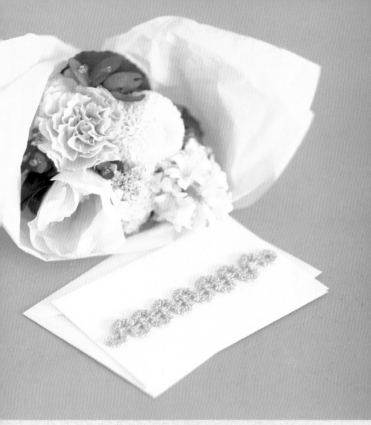

9　在留言卡上加入一点点小花样。作品详见P13

4　派对用的手帕加上花边后更加精致。作品详见P12

53（右）·64（左）
花边还能装饰礼物或盒子，用作包装带。
作品详见P40（53），P48（64）

37　红色果实拼接而成的镶边，让篮子更加时尚。
作品详见P29

6　用打孔器在皮革封套上打出小孔，即可装饰上漂亮的花边。　　40　摇曳的饰边，为围巾增添几分华丽。作品详见P32
　　作品详见P12

71　小包上可爱的花朵可是主角哦。作品详见P49　　　　　　20　实用的灯罩饰边。作品详见P20

钩织花朵的颜色有纯洁白、甜美粉、清爽蓝、华丽紫，每种颜色都有不同的韵味。除了花朵，我们还会介绍一些用成品亚麻或棉布带制作的时尚饰物。

PART I

花边带

1

2

3

钩织方法：P10
设计制作：河合真弓

重点提示

连续花样的钩织方法

3 作品详见P8

  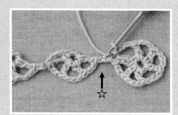

I 按记号图钩织5针锁针，在第1针中引拔钩织成圆环。立织3针锁针，再织3针锁针、1针长针，重复3次。钩织完第1部分的下侧半边，接着钩织11针锁针，在第6针中引拔钩织成圆环。立织3针锁针，再在连接锁针（★印记所示针目）中引拔钩织。

2 继续钩织3针锁针、1针长针。

3 按照步骤1、2的要领重复钩织必要的花样。钩织最后一块花样时，第1部分按照记号图所示钩织圆形，钩织2针锁针，在连接锁针（☆印记所示针目）中引拔钩织。之后钩织左侧相邻花样的上侧。重复往回钩织至最初的花样，引拔钩织后继续钩织第2部分。

4 钩织第2部分时，将第1部分的锁针成束挑起，织入"1针短针、4针长针、1针短针"组成的花瓣，共3片。然后在第1行的长针头针中引拔钩织，如此钩织花样的下侧。钩织完2针锁针后继续钩织下一块花样。

5 钩织最后一块花样时，先钩织6片花瓣，再钩织2针锁针。接着在第1部分的锁针中引拔钩织，如此钩织左侧相邻花样的上侧即第2部分。

6 钩织上侧的3片花瓣，回到最初的花样中，引拔钩织，完成。

重点提示

在蕾丝花边中钩织的方法

21 作品详见P20

引拔针

  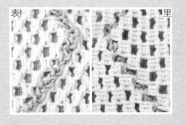

I 花边两端向反面折叠3次，钩针插入花边孔中，针上挂线引拔抽出。编织线置于花边的正面，再挂线，引拔钩织。

2 钩织2针锁针，将钩针插入花边的下一个孔中，针上挂线引拔钩织。

3 斜着钩织完2针锁针、1针引拔针后如图。

26 作品详见P21

链式针

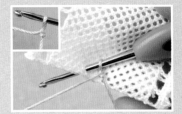 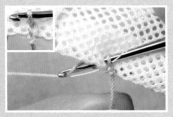 

I 钩织最初的针目（参照P76最初针目的钩织方法）。花边两端向反面折叠3次，将钩针插入花边孔中。

2 编织线置于花边的反面，针上挂线，钩织1针锁针（链式针）。再将钩针插入花边孔中，继续钩织链式针。

3 链式针完成后如图，反面形成1股渡线。

1

约30 cm

作品详见P8

纯棉线 / 白色2g
蕾丝针0号

1.5 cm 锁针起针
（1针）

①

1个花样

⬭ =钩织起点

⬭ =此针中织入5针短针

🌼 = (flower stitch diagram)

2

约30 cm

作品详见P8

纯棉线 / 淡蓝色3g
蕾丝针0号

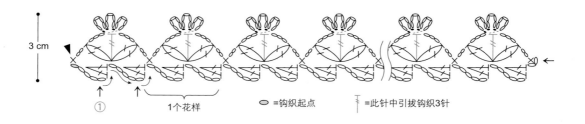

3 cm

①

1个花样

⬭ =钩织起点

↑ =此针中引拔钩织3针

3

约30 cm

作品详见P8

重点提示见P9

纯棉线 / 灰粉色6g
蕾丝针0号

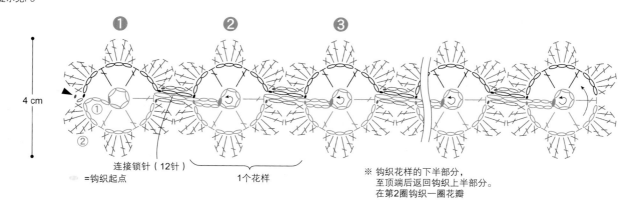

❶ ❷ ❸

4 cm

①
②

连接锁针（12针）

1个花样

⬭ =钩织起点

※ 钩织花样的下半部分，
　至顶端后返回钩织上半部分。
　在第2圈钩织一圈花瓣

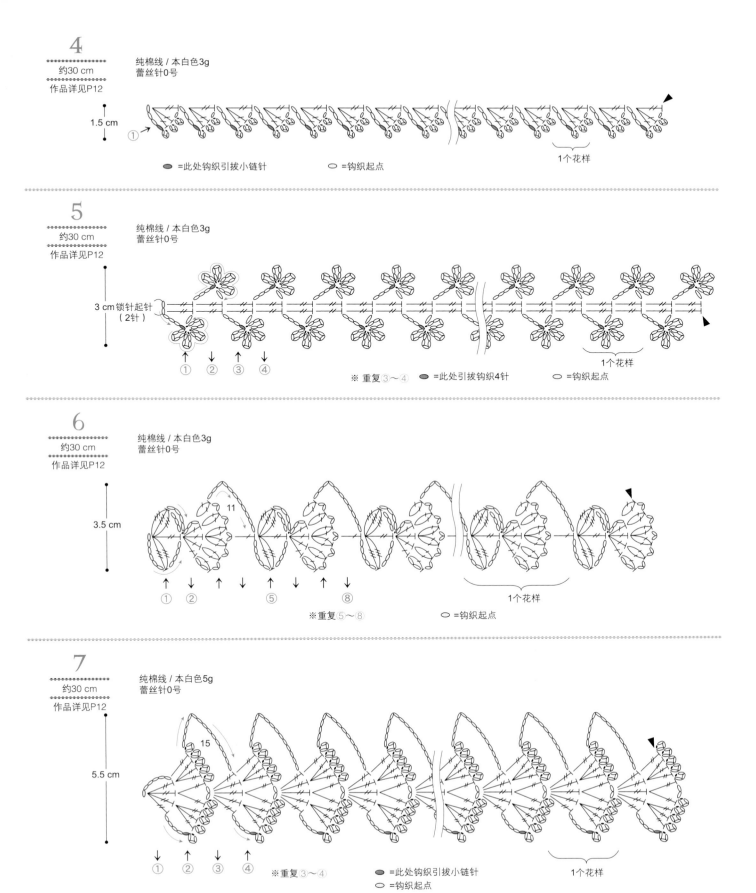

4

约30 cm

作品详见P12

纯棉线 / 本白色3g
蕾丝针0号

1.5 cm

① →

● =此处钩织引拔小链针　　○ =钩织起点

1个花样

5

约30 cm

作品详见P12

纯棉线 / 本白色3g
蕾丝针0号

3 cm锁针起针
（2针）

① ② ③ ④

※ 重复③～④　　● =此处引拔钩织4针　　○ =钩织起点

1个花样

6

约30 cm

作品详见P12

纯棉线 / 本白色3g
蕾丝针0号

3.5 cm

11

① ② ⑤ ⑧

※重复⑤～⑧　　○ =钩织起点

1个花样

7

约30 cm

作品详见P12

纯棉线 / 本白色5g
蕾丝针0号

5.5 cm

15

① ② ③ ④

※重复③～④　　● =此处钩织引拔小链针

○ =钩织起点

1个花样

4
5
6
7

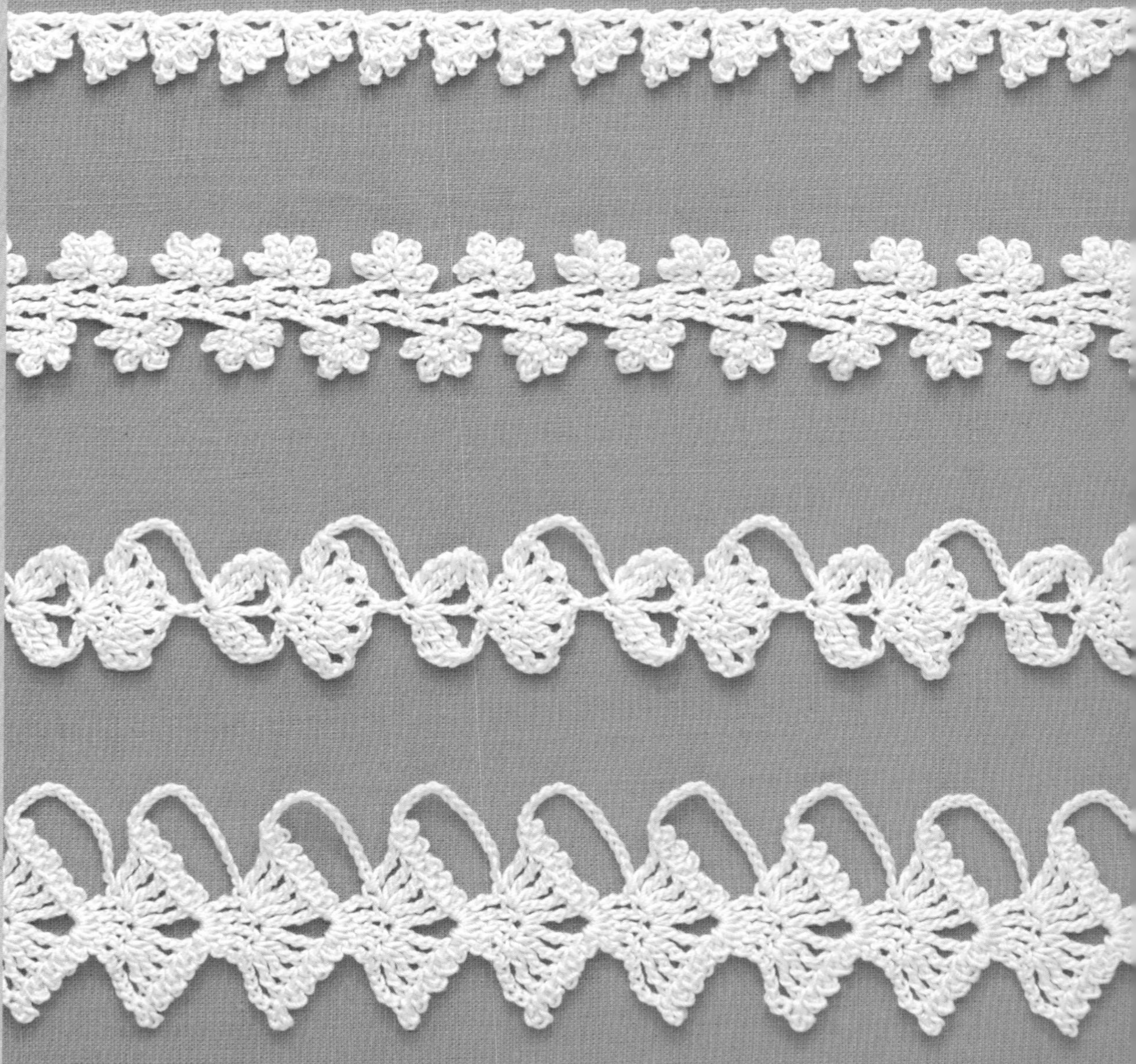

钩织方法：P11
设　　计：OKA MARIKO
制　　作：OUMI YOSIE

8
9
10
11

钩织方法：P14
设　　计：OKA MARIKO
制　　作：OUMI YOSIE

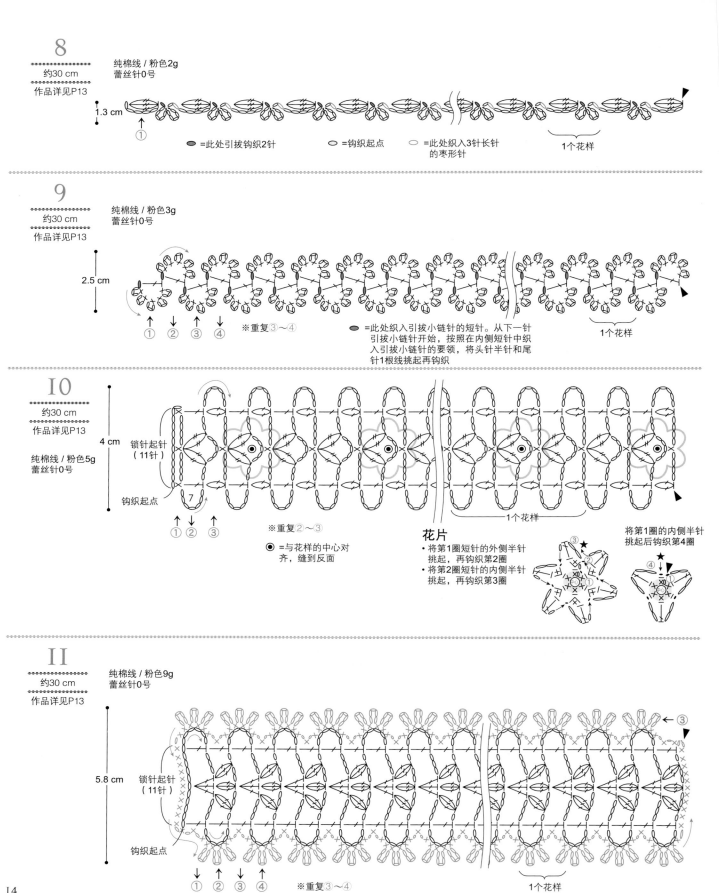

8

約30 cm

作品详见P13

1.3 cm

纯棉线 / 粉色2g
蕾丝针0号

● =此处引拔钩织2针　○ =钩织起点　○ =此处织入3针长针的枣形针

1个花样

9

约30 cm

作品详见P13

2.5 cm

纯棉线 / 粉色3g
蕾丝针0号

① ② ③ ④　※重复③~④

● =此处织入引拔小链针的短针。从下一针引拔小链针开始，按照在内侧短针中织入引拔小链针的要领，将头针半针和尾针1根线挑起再钩织

1个花样

IO

约30 cm

作品详见P13

4 cm

纯棉线 / 粉色5g
蕾丝针0号

锁针起针
（11针）

钩织起点

7

① ② ③　※重复②~③

◉ =与花样的中心对齐，缝到反面

1个花样

花片
• 将第1圈短针的外侧半针挑起，再钩织第2圈
• 将第2圈短针的内侧半针挑起，再钩织第3圈

将第1圈的内侧半针挑起后钩织第4圈

II

约30 cm

作品详见P13

5.8 cm

纯棉线 / 粉色9g
蕾丝针0号

锁针起针
（11针）

钩织起点

← ③

① ② ③ ④　※重复③~④

1个花样

14

I2

约30 cm

作品详见P16

纯棉线 / 淡蓝色5g
蕾丝针0号

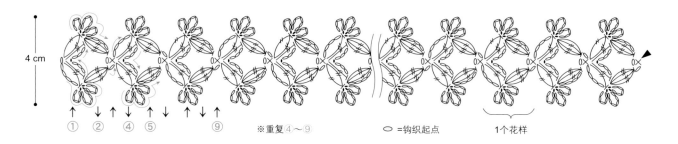

4 cm

① ② ④ ⑤ ⑨

※重复④～⑨   ◯ =钩织起点   1个花样

I3

约30 cm

作品详见P16

纯棉线 / 天蓝色4g
蕾丝针0号

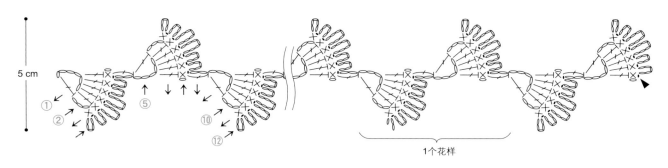

5 cm

① ② ⑤ ⑩ ⑫

1个花样

I4

约30 cm

作品详见P16

纯棉线 / 蓝白色6g
蕾丝针0号

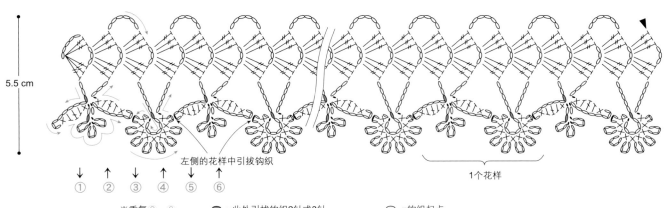

5.5 cm

左侧的花样中引拔钩织

① ② ③ ④ ⑤ ⑥

1个花样

※重复 3 ～ 6   ⬮ =此处引拔钩织2针或3针   ◯ =钩织起点

钩织方法：P15
设计制作：芹泽圭子

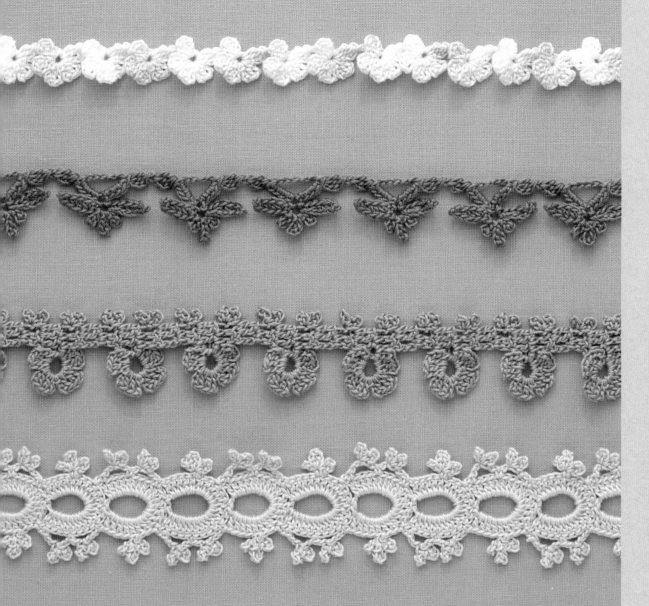

I5

I6

I7

I8

钩织方法：P18
设计制作：芹泽圭子

15

约30 cm
作品详见P17

纯棉线 / 白色与淡紫色的飞白花纹3g
蕾丝针0号

2 cm

● =此针中织入6针长针、4针引拔针　　○ =钩织起点　　1个花样

16

约30 cm
作品详见P17

纯棉线 / 紫色3g
蕾丝针0号

钩织起点

2.5 cm

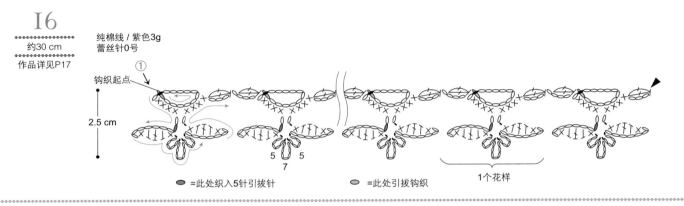

5　5
7

● =此处织入5针引拔针　　● =此处引拔钩织　　1个花样

17

约30 cm
作品详见P17

纯棉线 / 蓝紫色5g
蕾丝针0号

钩织起点

锁针起针
（3针）

3.5 cm

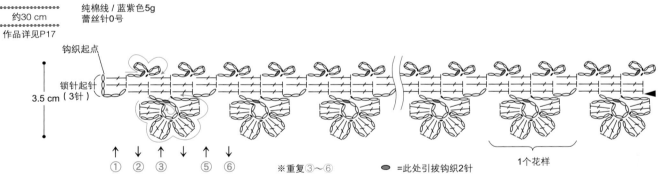

① ② ③ ⑤ ⑥　　※重复③〜⑥　　● =此处引拔钩织2针　　1个花样

18

约30 cm
作品详见P17

纯棉线/薰衣草紫色7g
蕾丝针0号

4.5 cm

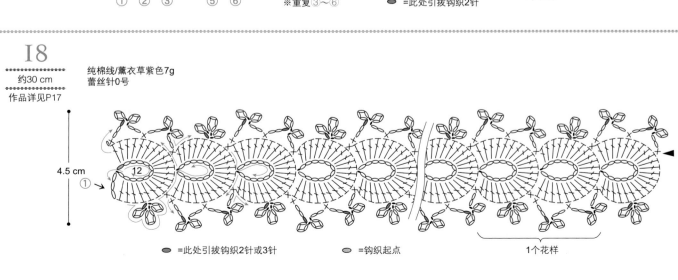

12

①

● =此处引拔钩织2针或3针　　○ =钩织起点　　1个花样

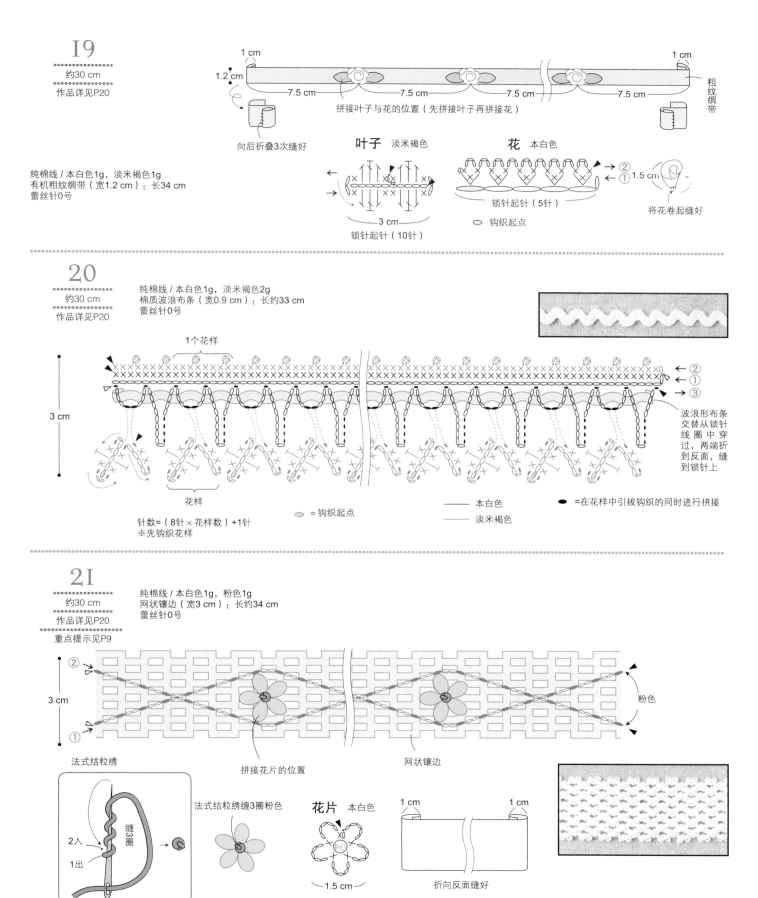

19

约30 cm

作品详见P20

纯棉线 / 本白色1g，淡米褐色1g
有机粗纹绸带（宽1.2 cm）：长34 cm
蕾丝针0号

1 cm

1.2 cm

1 cm

7.5 cm　　　7.5 cm　　　7.5 cm　　　7.5 cm

拼接叶子与花的位置（先拼接叶子再拼接花）

粗纹绸带

向后折叠3次缝好

叶子 淡米褐色

3 cm

锁针起针（10针）

花 本白色

锁针起针（5针）

将花卷起缝好

1.5 cm

②
①

○ = 钩织起点

20

约30 cm

作品详见P20

纯棉线 / 本白色1g，淡米褐色2g
棉质波浪布条（宽0.9 cm）：长约33 cm
蕾丝针0号

1个花样

3 cm

②
①
③

花样

针数=（8针×花样数）+1针
※先钩织花样

○ = 钩织起点

波浪形布条交替从锁针线圈中穿过，两端折到反面，缝到锁针上

—— 本白色
—— 淡米褐色

● = 在花样中引拔钩织的同时进行拼接

21

约30 cm

作品详见P20

重点提示见P9

纯棉线 / 本白色1g，粉色1g
网状镶边（宽3 cm）：长约34 cm
蕾丝针0号

3 cm

②
①

粉色

法式结粒绣

拼接花片的位置

网状镶边

法式结粒绣缠3圈粉色

缠3圈

2入
1出

花片 本白色

1.5 cm

1 cm　　　1 cm

折向反面缝好

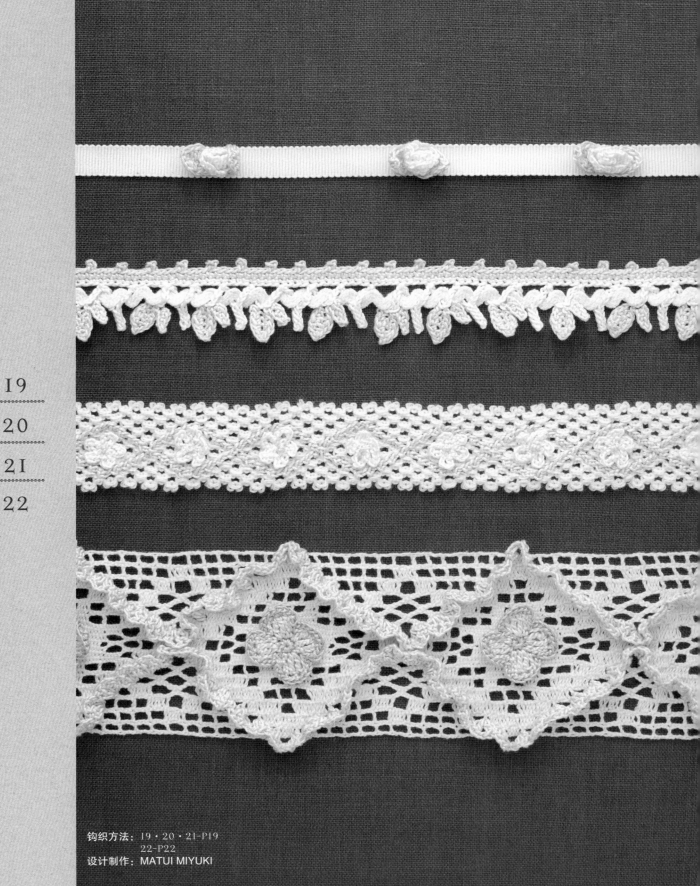

I9
20
2I
22

钩织方法：19·20·21-P19
22-P22
设计制作：MATUI MIYUKI

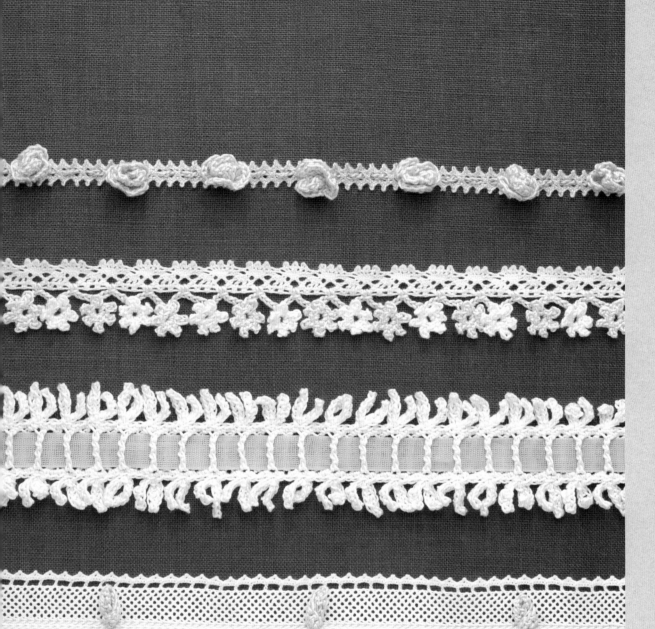

23
24
25
26

钩织方法：23-P22
24・25・26-P23
设计制作：MATUI MIYUKI

22

约30 cm

作品详见P20

重点提示见P74

纯棉线 / 淡米褐色7g，桃粉色1g
本白色和花白色饰带（宽7 cm）：长约34 cm
蕾丝针0号

14格1个花样

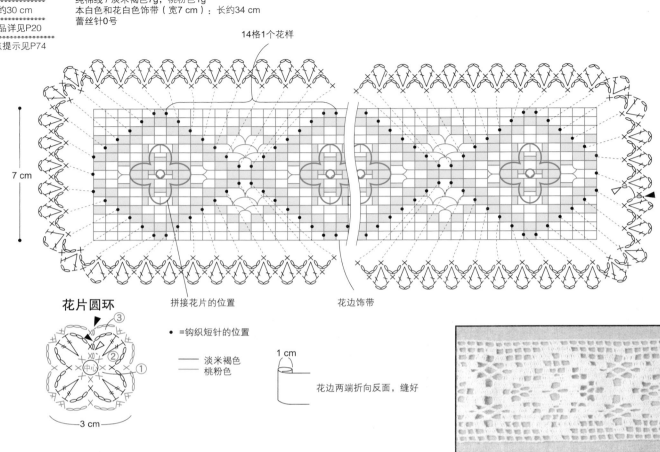

7 cm

花片圆环

拼接花片的位置

花边饰带

● =钩织短针的位置

—— 淡米褐色
—— 桃粉色

3 cm

1 cm

花边两端折向反面，缝好

23

约30 cm

作品详见P21

纯棉线 / 淡米褐色3g，桃粉色1g
混麻花边镶边（宽1.2 cm）：长约32 cm
蕾丝针0号

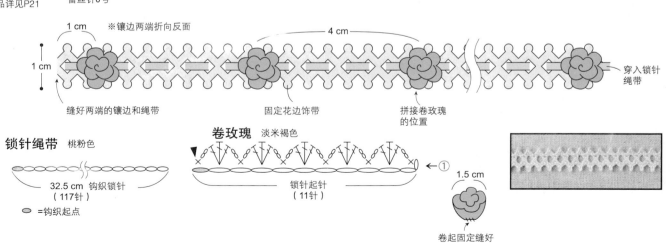

1 cm

※镶边两端折向反面

4 cm

1 cm

穿入锁针
绳带

缝好两端的镶边和绳带

固定花边饰带

拼接卷玫瑰
的位置

锁针绳带 桃粉色

卷玫瑰 淡米褐色

32.5 cm 钩织锁针
（117针）

锁针起针
（11针）

1.5 cm

○ =钩织起点

卷起固定缝好

24

약30 cm

作品详见P21

纯棉线 / 淡米褐色1g，本白色1g
花边饰带（宽1.2 cm）：长约34 cm
蕾丝针0号

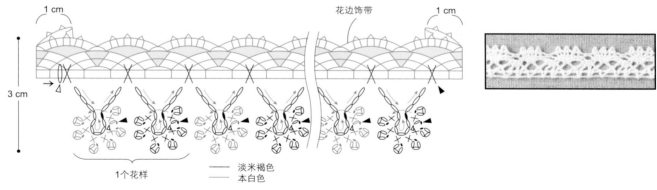

1 cm

花边饰带

1 cm

3 cm

1个花样

—— 淡米褐色
—— 本白色

25

约30 cm

作品详见P21

纯棉线 / 本白色8g
麻质乔其布丝带（宽1.2 cm）：长约63 cm
蕾丝针0号

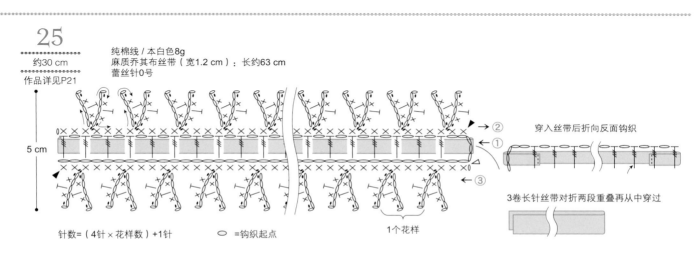

5 cm

② →
← ①
← ③

穿入丝带后折向反面钩织

3卷长针丝带对折两段重叠再从中穿过

针数＝（4针×花样数）+1针　　○ ＝钩织起点

1个花样

26

约30 cm

作品详见P21

重点提示见P9

纯棉线 / 本白色1g，粉色3g
花边饰带（宽5 cm）：长约34 cm
蕾丝针0号

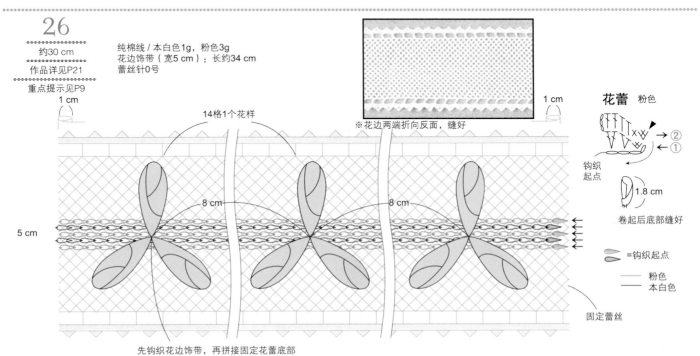

※花边两端折向反面，缝好

1 cm

1 cm

14格1个花样

8 cm

8 cm

5 cm

花蕾　粉色

② →
← ①

钩织
起点

1.8 cm

卷起后底部缝好

○ ＝钩织起点

—— 粉色
—— 本白色

固定蕾丝

先钩织花边饰带，再拼接固定花蕾底部

下面介绍一些带有可爱花朵和圆溜溜果实吊坠的饰边和镶边。具有律动感的花样，看起来就让人心动不已。

PART II

律动的韵味

27
28
29

钩织方法：P26
设　　计：冈本启子
制　　作：宫本真由美

⇨ **茎和叶子的钩织方法**

1 先钩织出成串果实（钩织方法见P74）。按照记号图钩织5片茎和叶子，再按照箭头所示钩织2针锁针，最后将钩针插入成串的果实中。

2 钩织第6片叶子，往回引拔钩织茎。钩织茎ⓐ的引拔针时，依次将钩针插入茎→叶子ⓐ的针目中，再一起引拔钩织。

3 钩织茎ⓑ的引拔针时，将叶子ⓑ用长针的针头挑起再引拔钩织。

4 引拔钩织完成后如图。钩织茎ⓒ的引拔针时，依次将钩针插入茎→叶子ⓒ的针目中，再一起引拔钩织。

茎·叶子

与成串果实拼接

※ a → ⓐ b → ⓑ ···f → ⓕ
钩织引拔针与印记拼接对齐

9针

b　a

7针

c

d ★

e

f

钩织起点

钩织第2片叶子时，在此位置与第1块的☆处拼接

5 引拔钩织完成后如图。

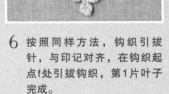

6 按照同样方法，钩织引拔针，与印记对齐，在钩织起点f处引拔钩织，第1片叶子完成。

7 茎在反面穿引。

8 钩织第2片叶子时先钩织41针锁针（12针+29针），在第23针（★）处将钩针插入第1片叶子的☆中，引拔钩织。

9 引拔钩织完成后如图。

10 钩织剩余的18针锁针，重复步骤1~6，钩织叶子与茎。

11 第2片叶子钩织完成后如图所示。

12 2片叶子的反面。

27

约30 cm

作品详见P24

纯棉线 / 橄榄绿5g，胭脂色4g
钩针2 / 0号

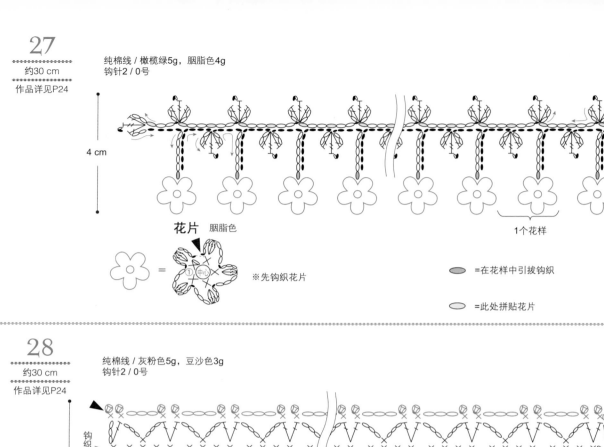

4 cm

钩织起点

橄榄绿

1个花样

花片　胭脂色

＝ ①中心 　※先钩织花片

⬤ ＝在花样中引拔钩织

⬭ ＝此处拼贴花片

28

约30 cm

作品详见P24

纯棉线 / 灰粉色5g，豆沙色3g
钩针2 / 0号

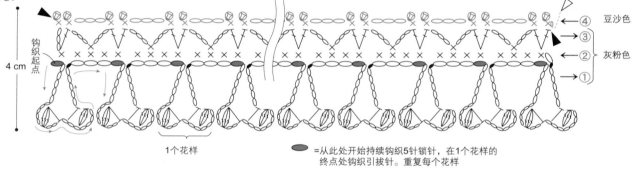

4 cm

钩织起点

豆沙色　←④

灰粉色　←③ ②① →

1个花样

⬤ ＝从此处开始持续钩织5针锁针，在1个花样的
终点处钩织引拔针。重复每个花样

29

约30 cm

作品详见P24

纯棉线 / 土黄色5g，砖红色3g
钩针2 / 0号

＝在未完成的中长针第
3针处钩织枣形针，共3
针。最后用引拔针结尾

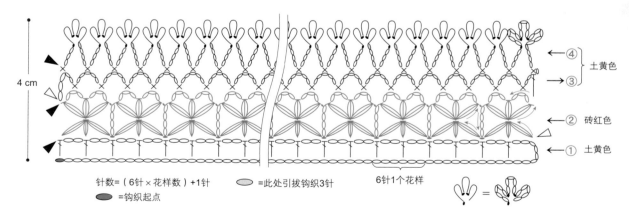

4 cm

土黄色 ←④ ③→

砖红色 ←②

土黄色 ←①

针数=（6针×花样数）+1针　　⬭ ＝此处引拔钩织3针　　6针1个花样

⬤ ＝钩织起点

＝

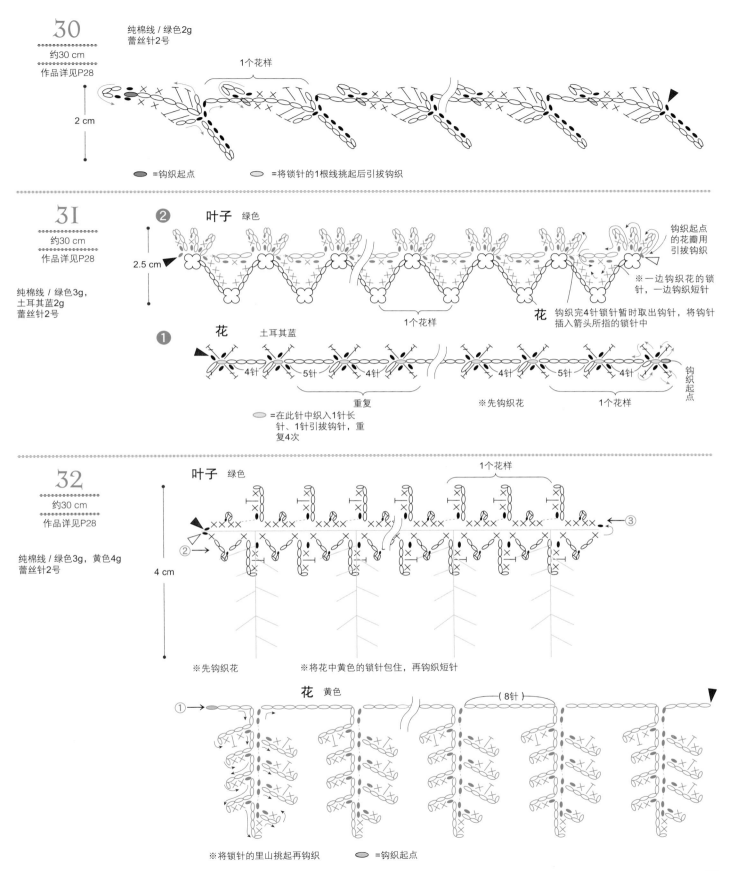

30

约30 cm

作品详见P28

2 cm

纯棉线 / 绿色2g
蕾丝针2号

1个花样

● =钩织起点　　○ =将锁针的1根线挑起后引拔钩织

31

约30 cm

作品详见P28

纯棉线 / 绿色3g,
土耳其蓝2g
蕾丝针2号

❷ 叶子　绿色

2.5 cm

钩织起点
的花瓣用
引拔钩织

※一边钩织花的锁
针,一边钩织短针

1个花样

花

钩织完4针锁针暂时取出钩针,将钩针
插入箭头所指的锁针中

❶ 花　土耳其蓝

4针　5针　4针　4针　5针　4针

钩织起点

重复　　　　※先钩织花　　　1个花样

○ =在此针中织入1针长
针、1针引拔钩针,重
复4次

32

约30 cm

作品详见P28

纯棉线 / 绿色3g, 黄色4g
蕾丝针2号

4 cm

叶子　绿色

1个花样

③

②

※先钩织花　　　※将花中黄色的锁针包住,再钩织短针

花　黄色

①

(8针)

※将锁针的里山挑起再钩织　　　● =钩织起点

27

30
31
32
33

钩织方法：31・31・32-P27
33-P30
设计制作：山中和香子

34
35
36
37

钩织方法：34・35-P30
36・37-P71
设计制作：山中和香子

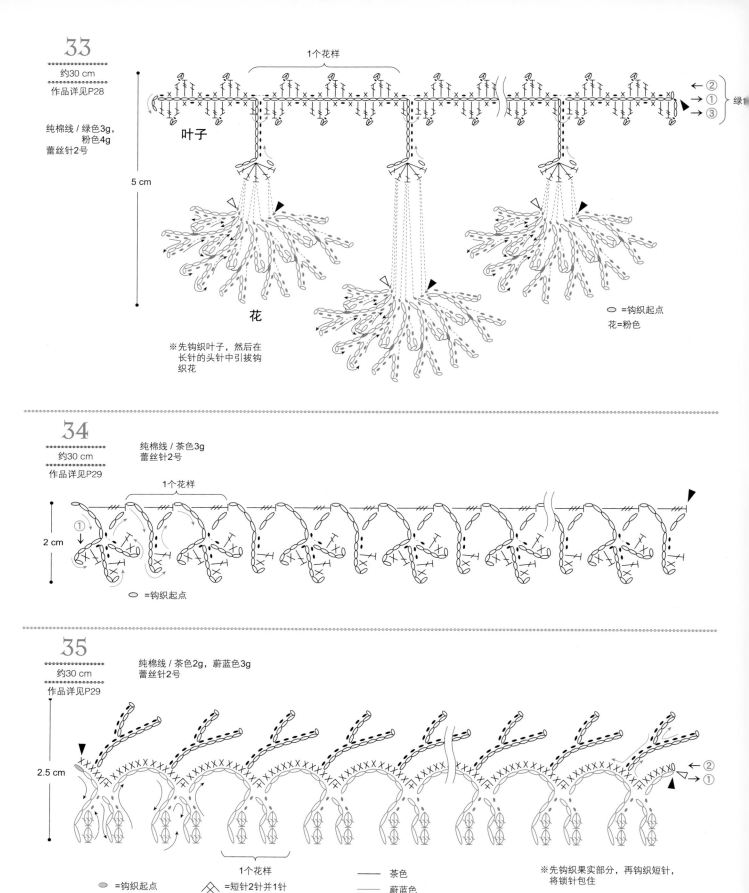

33

约30 cm

作品详见P28

纯棉线 / 绿色3g，
粉色4g
蕾丝针2号

5 cm

1个花样

←②
→①
→③
绿↑

叶子

花

○ =钩织起点
花=粉色

※先钩织叶子，然后在
长针的头针中引拔钩
织花

34

约30 cm

作品详见P29

纯棉线 / 茶色3g
蕾丝针2号

1个花样

2 cm

①

○ =钩织起点

35

约30 cm

作品详见P29

纯棉线 / 茶色2g，蔚蓝色3g
蕾丝针2号

2.5 cm

←②
→①

1个花样

○ =钩织起点
⋈ =短针2针并1针
—— 茶色
—— 蔚蓝色

※先钩织果实部分，再钩织短针，
将锁针包住

38

约30 cm

作品详见P32

纯棉线 / 米褐色4g
钩针2 / 0号

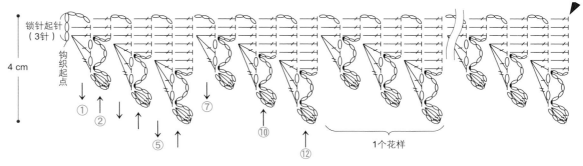

锁针起针
（3针）

钩织起点

4 cm

① ② ⑤ ⑦ ⑩ ⑫

1个花样

※重复⑦～⑫

39

约30 cm

作品详见P32

纯棉线 / 米褐色6g
钩针2 / 0号

钩织起点

锁针起针
（5针）

4.5 cm

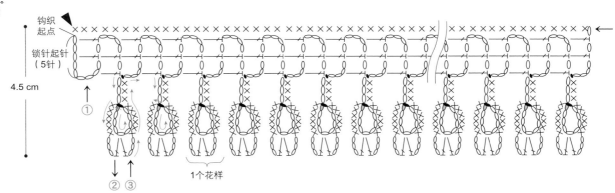

① ② ③

1个花样

※重复②～③　　⬭=此处引拔钩织成圆环

40

约30 cm

作品详见P32

纯棉线 / 米褐色11g
钩针2 / 0号

① ② ③

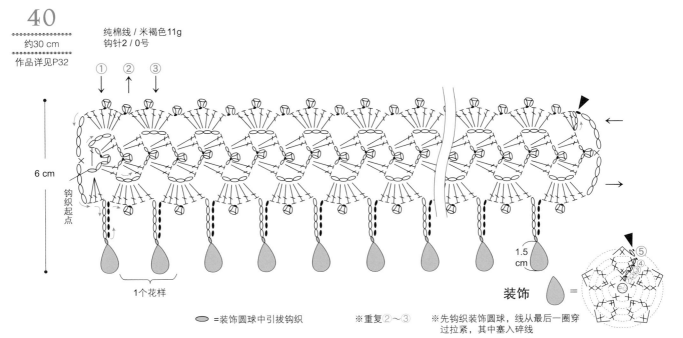

6 cm

钩织起点

1.5 cm

1个花样

装饰 =

⬭=装饰圆球中引拔钩织　　※重复②～③　　※先钩织装饰圆球，线从最后一圈穿过拉紧，其中塞入碎线

钩织方法：P31
设　　计：冈本启子
制　　作：宫本真由美

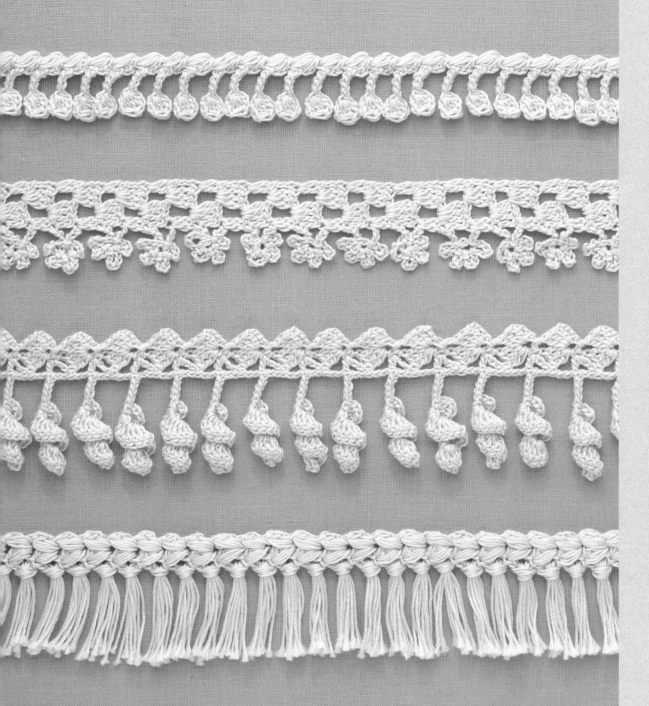

41
42
43
44

钩织方法：P34
设　　计：冈本启子
制　　作：宫本真由美

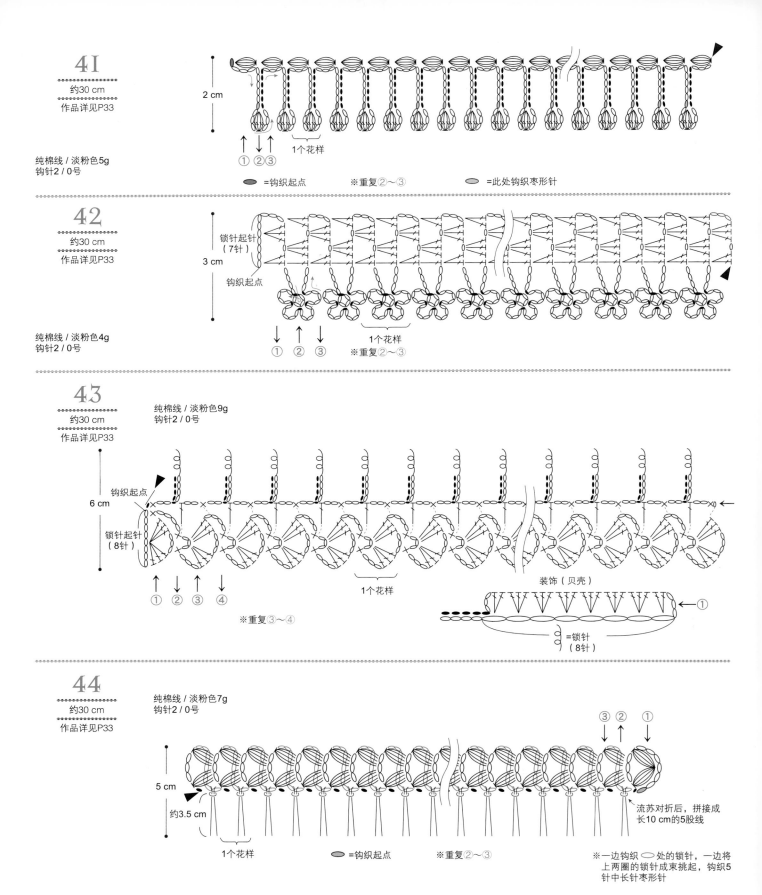

41

约30 cm

作品详见P33

纯棉线 / 淡粉色5g

钩针2 / 0号

2 cm

1个花样

① ② ③

● =钩织起点　　※重复②~③　　● =此处钩织枣形针

42

约30 cm

作品详见P33

纯棉线 / 淡粉色4g

钩针2 / 0号

锁针起针（7针）

钩织起点

3 cm

① ② ③

1个花样

※重复②~③

43

约30 cm

作品详见P33

纯棉线 / 淡粉色9g

钩针2 / 0号

钩织起点

6 cm

锁针起针（8针）

① ② ③ ④

※重复③~④

1个花样

装饰（贝壳）

①

=锁针（8针）

44

约30 cm

作品详见P33

纯棉线 / 淡粉色7g

钩针2 / 0号

③ ② ①

5 cm

约3.5 cm

1个花样

● =钩织起点　　※重复②~③

流苏对折后，拼接成长10 cm的5股线

※一边钩织 ○ 处的锁针，一边将上两圈的锁针成束挑起，钩织5针中长针枣形针

34

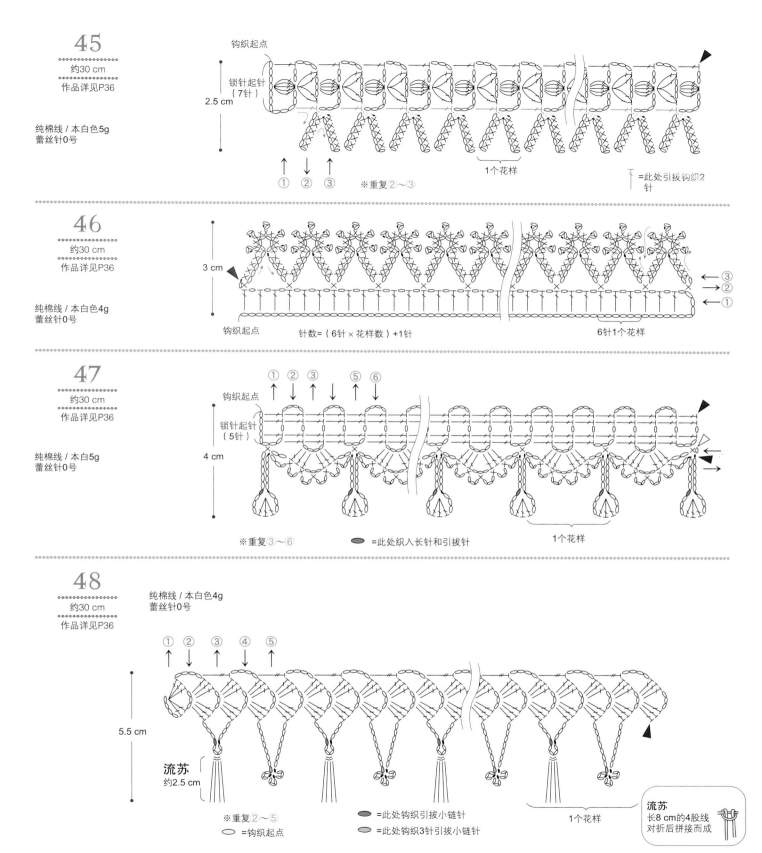

45
约30 cm
作品详见P36

纯棉线 / 本白色5g
蕾丝针0号

钩织起点
锁针起针
（7针）
2.5 cm

① ② ③
※重复②～③
1个花样
↑=此处引拔钩织2针

46
约30 cm
作品详见P36

纯棉线 / 本白色4g
蕾丝针0号

3 cm

钩织起点
针数=（6针×花样数）+1针
6针1个花样
← ③
→ ②
← ①

47
约30 cm
作品详见P36

纯棉线 / 本白5g
蕾丝针0号

① ② ③ ⑤ ⑥
钩织起点
锁针起针
（5针）
4 cm

※重复③～⑥
⬭=此处织入长针和引拔针
1个花样

48
约30 cm
作品详见P36

纯棉线 / 本白色4g
蕾丝针0号

① ② ③ ④ ⑤
5.5 cm
流苏
约2.5 cm

※重复②～⑤
⬭=钩织起点
⬭=此处钩织引拔小链针
⬭=此处钩织3针引拔小链针
1个花样

流苏
长8 cm的4股线
对折后拼接而成

35

钩织方法：P35
设计制作：镰田惠美子

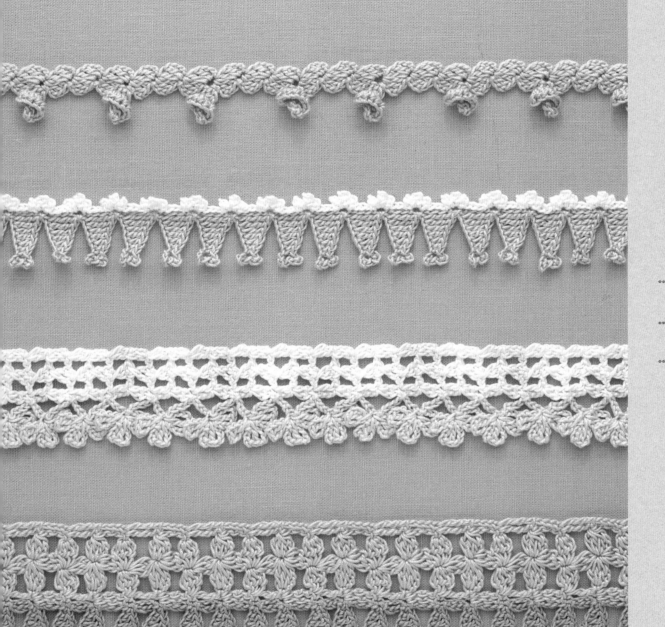

49
50
51
52

钩织方法：P38
设计制作：镰田惠美子

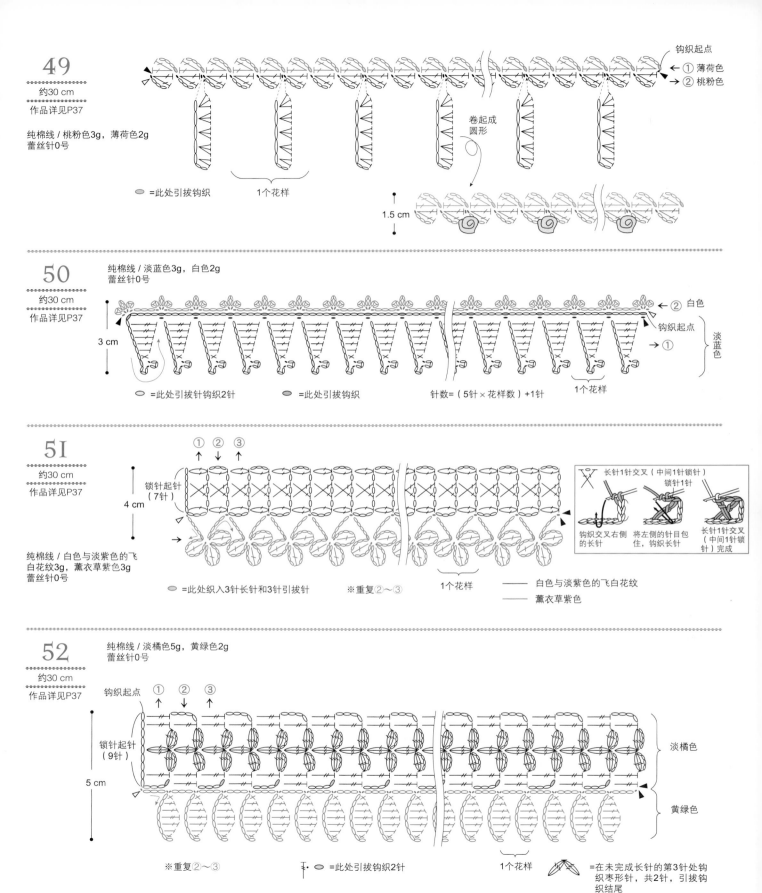

49
约30 cm
作品详见P37

纯棉线 / 桃粉色3g，薄荷色2g
蕾丝针0号

钩织起点
← ① 薄荷色
→ ② 桃粉色

= 此处引拔钩织
1个花样
卷起成圆形
1.5 cm

50
约30 cm
作品详见P37

纯棉线 / 淡蓝色3g，白色2g
蕾丝针0号

← ② 白色
钩织起点
→ ①
淡蓝色

3 cm

= 此处引拔针钩织2针
= 此处引拔钩织
针数=（5针×花样数）+1针
1个花样

5I
约30 cm
作品详见P37

纯棉线 / 白色与淡紫色的飞白花纹3g，薰衣草紫色3g
蕾丝针0号

锁针起针（7针）

4 cm

① ② ③

长针1针交叉（中间1针锁针）
锁针1针
钩织交叉右侧的长针
将左侧的针目包住，钩织长针
长针1针交叉（中间1针锁针）完成

= 此处织入3针长针和3针引拔针
※重复②～③
1个花样
—— 白色与淡紫色的飞白花纹
—— 薰衣草紫色

52
约30 cm
作品详见P37

纯棉线 / 淡橘色5g，黄绿色2g
蕾丝针0号

钩织起点
① ② ③

锁针起针（9针）

5 cm

淡橘色
黄绿色

※重复②～③
= 此处引拔钩织2针
1个花样
= 在未完成长针的第3针处钩织枣形针，共2针，引拔钩织结尾

38

53

纯棉线 / 牡丹色4g，黄绿色3g
蕾丝针0号

约30 cm

作品详见P40

2.5 cm

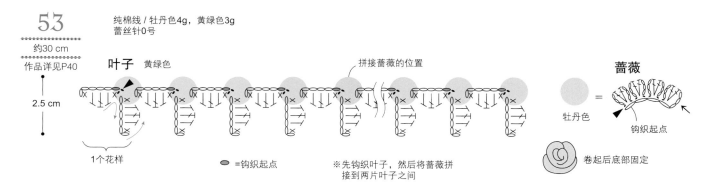

叶子 黄绿色

拼接蔷薇的位置

蔷薇

牡丹色

钩织起点

1个花样

●=钩织起点

※先钩织叶子，然后将蔷薇拼接到两片叶子之间

卷起后底部固定

54

纯棉线 / 黄绿色4g，桃粉色2g，奶油色1g
蕾丝针0号

约30 cm

作品详见P40

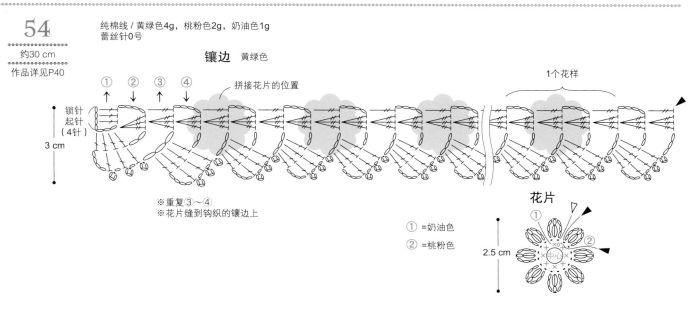

镶边 黄绿色

拼接花片的位置

1个花样

锁针
起针
（4针）

3 cm

※重复③～④
※花片缝到钩织的镶边上

花片

① =奶油色
② =桃粉色

2.5 cm

55

纯棉线 / 白色3g，黄绿色2g，芥末色2g
蕾丝针0号

约30 cm

作品详见P40

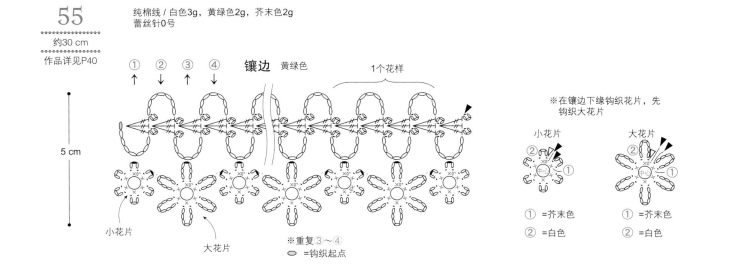

镶边 黄绿色

1个花样

5 cm

小花片

大花片

※重复③～④
●=钩织起点

※在镶边下缘钩织花片，先钩织大花片

小花片

大花片

① =芥末色
② =白色

① =芥末色
② =白色

除了花朵拼接外，还可以将它们缝到叶子主题的镶边上。以花朵为主角的可爱饰边、镶边，深受女孩子喜爱。

Part

III

花朵是主角

53

54

55

钩织方法：P39
设计制作：河合真弓

※此处以P45作品62为例进行解说。作品62是用方法A进行拼接，但引拔的方法可自由选择。

➥ 花片的拼接方法（用引拔针拼接）

[A 一边钩织一边拼接的方法]　　　　　　　**[B 暂时取出针再拼接的方法]**

I 完成第1块后，在第2块第4圈的引拔小链针前端拼接。钩织完第4圈引拔小链针的2针锁针后，将钩针插入第1块指定位置的成束针目中，针上挂线引拔钩织。

2 钩织2针锁针、引拔小链针，花样拼接完成后如图。

I 完成第1块后，在第2行第4圈的引拔小链针前端拼接。钩织完第4行引拔小链针的2针锁针后，取出钩针，将钩针插入第1块指定位置的成束针目中，引拔抽出锁针。针上挂线，按照箭头所示引拔钩织（下图）。

2 钩织2针锁针、引拔小链针，花样拼接完成后如图。

重点提示　65 作品详见P48

➥ 花朵的拼接方法

I 按照记号图钩织镶边和花朵。花朵中心的圆环不要完全拉紧，留出小孔。

2 钩针插入花的小孔中，用钩针将镶边的引拔小链针从花中间引拔抽出。

3 引拔小链针引拔抽出后如图。

4 在引拔小链针的底部将花（立起针目朝后）的线头拉紧。花朵拼接到镶边后如图。

重点提示　71 作品详见P49

➥ 花片的缝法

I 按照记号图分别钩织镶边和花片。

2 花的中心与镶边的引拔小链针中心对齐，缝好。

3 缝好花，注意不要影响到正面效果。

4 花拼接完成后如图。

56

約30 cm

作品详见P44

棉涤纶混纺线 / 薰衣草紫色4g
蕾丝针0号

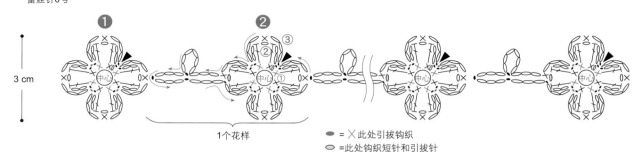

3 cm

1个花样

● = ✕此处引拔钩织
⬭ =此处钩织短针和引拔针

57

约30 cm

作品详见P44

纯棉线 / 淡粉色8g
蕾丝针0号

3.5 cm

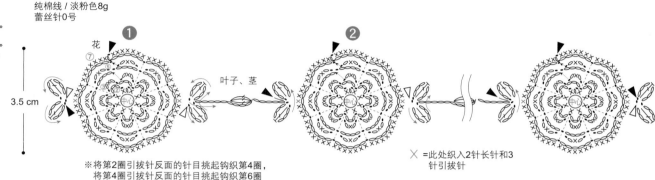

花

叶子、茎

✕ =此处织入2针长针和3针引拔针

※将第2圈引拔针反面的针目挑起钩织第4圈，
将第4圈引拔针反面的针目挑起钩织第6圈

58

约30 cm

作品详见P44

棉涤纶混纺线 / 象牙白色7g
纯棉线 / 米褐色2g
蕾丝针0号

4 cm

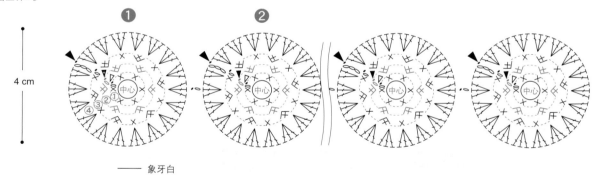

—— 象牙白
—— 米褐色

59

约30 cm

作品详见P44

棉涤纶混纺线 / 象牙白色10g
蕾丝针0号

大

小

1个花样

6 cm

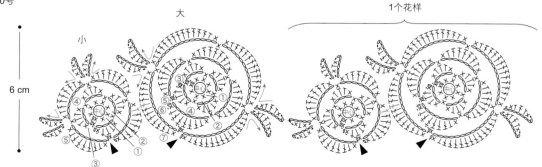

※先钩织大花片，然后钩织小花片，同时将┠与┨拼
接。叶子顶端用引拔针拼接

42

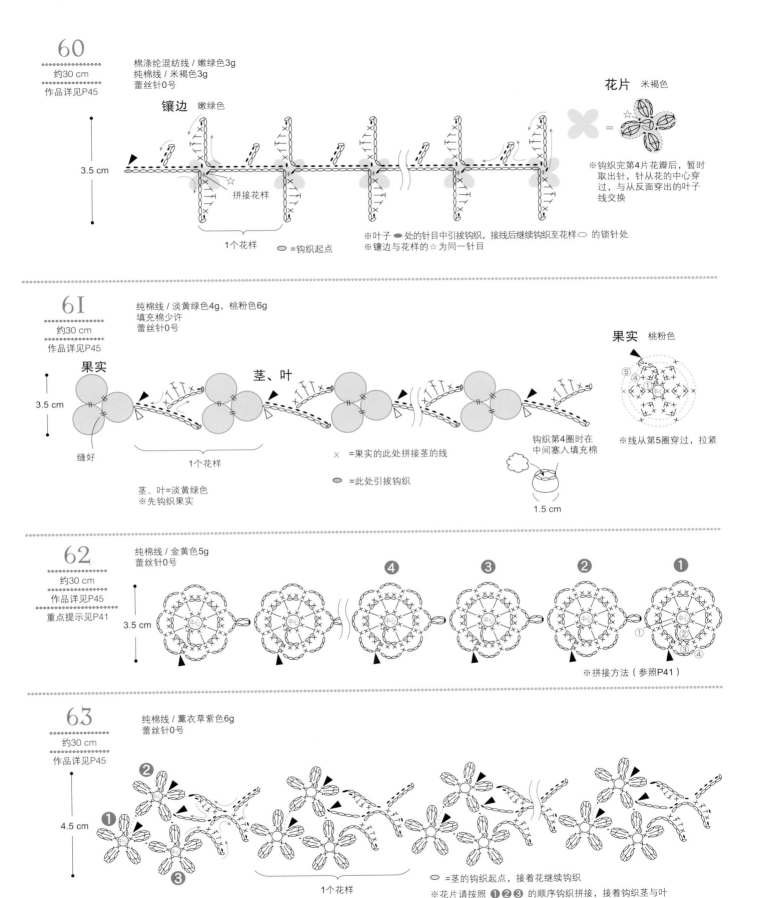

60

約30 cm
作品详见P45

棉涤纶混纺线 / 嫩绿色3g
纯棉线 / 米褐色3g
蕾丝针0号

镶边 嫩绿色

3.5 cm

拼接花样

花片 米褐色

= ☆

※钩织完第4片花瓣后，暂时取出针，针从花的中心穿过，与从反面穿出的叶子线交换

1个花样 ◯ =钩织起点

※叶子 ● 处的针目中引拔钩织，接线后继续钩织至花样 ◯ 的锁针处
※镶边与花样的 ☆ 为同一针目

61

约30 cm
作品详见P45

纯棉线 / 淡黄绿色4g，桃粉色6g
填充棉少许
蕾丝针0号

果实

3.5 cm

缝好

茎、叶

果实 桃粉色

⑤ ④ ③ 中心 ②

※线从第5圈穿过，拉紧

钩织第4圈时在中间塞入填充棉

1.5 cm

1个花样

× =果实的此处拼接茎的线

◯ =此处引拔钩织

茎、叶=淡黄绿色
※先钩织果实

62

约30 cm
作品详见P45
重点提示见P41

纯棉线 / 金黄色5g
蕾丝针0号

3.5 cm

❹ ❸ ❷ ❶

① ② ③ ④

※拼接方法（参照P41）

63

约30 cm
作品详见P45

纯棉线 / 薰衣草紫色6g
蕾丝针0号

4.5 cm

❷ ❶ ❸

1个花样

◯ =茎的钩织起点，接着花继续钩织
※花片请按照 ❶❷❸ 的顺序钩织拼接，接着钩织茎与叶

钩织方法：P42
设计制作：草本美树

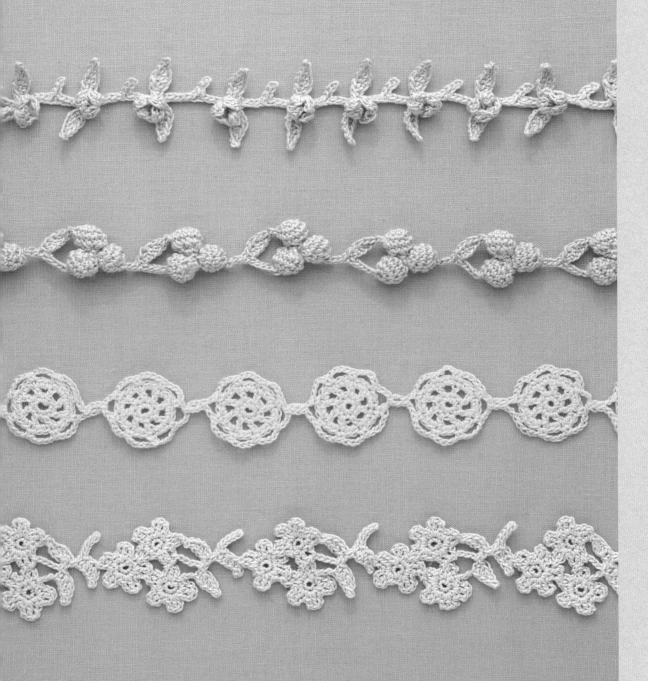

60
61
62
63

钩织方法：P43
设计制作：草本美树

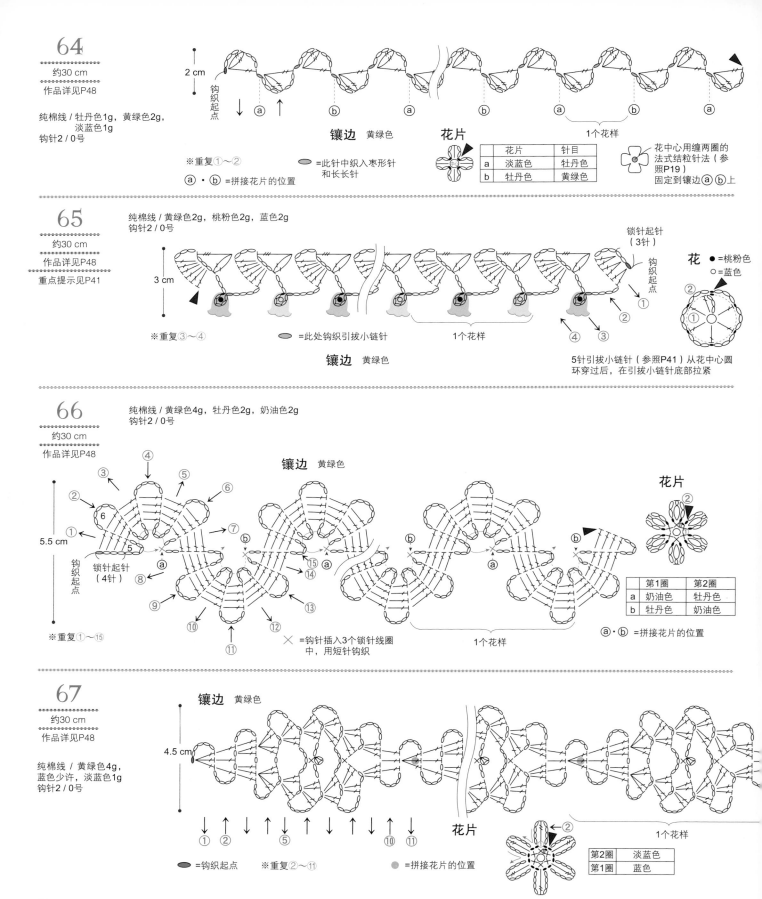

64

约30 cm

作品详见P48

纯棉线 / 牡丹色1g，黄绿色2g，
淡蓝色1g
钩针2 / 0号

2 cm

钩织起点

镶边 黄绿色

花片

1个花样

※重复①~②

= 此针中织入枣形针和长长针

ⓐ·ⓑ = 拼接花片的位置

	花片	针目
a	淡蓝色	牡丹色
b	牡丹色	黄绿色

花中心用缠两圈的法式结粒针法（参照P19）固定到镶边ⓐⓑ上

65

约30 cm

作品详见P48

重点提示见P41

纯棉线 / 黄绿色2g，桃粉色2g，蓝色2g
钩针2 / 0号

3 cm

锁针起针（3针）

钩织起点

①②③④

镶边 黄绿色

1个花样

※重复③~④

= 此处钩织引拔小链针

花

● = 桃粉色
○ = 蓝色

①②

5针引拔小链针（参照P41）从花中心圆环穿过后，在引拔小链针底部拉紧

66

约30 cm

作品详见P48

纯棉线 / 黄绿色4g，牡丹色2g，奶油色2g
钩针2 / 0号

镶边 黄绿色

花片

②③④⑤⑥⑦ⓑⓐ⑮⑭⑬⑫⑪⑩⑨⑧⑤⑥

①②

5.5 cm

钩织起点

锁针起针（4针）

ⓐ

1个花样

ⓑ

※重复①~⑮

✕ = 钩针插入3个锁针线圈中，用短针钩织

	第1圈	第2圈
a	奶油色	牡丹色
b	牡丹色	奶油色

ⓐ·ⓑ = 拼接花片的位置

67

约30 cm

作品详见P48

纯棉线 / 黄绿色4g，
蓝色少许，淡蓝色1g
钩针2 / 0号

镶边 黄绿色

4.5 cm

①②③④⑤⑥⑦⑧⑨⑩⑪

花片

②

1个花样

= 钩织起点

※重复②~⑪

= 拼接花片的位置

第2圈	淡蓝色
第1圈	蓝色

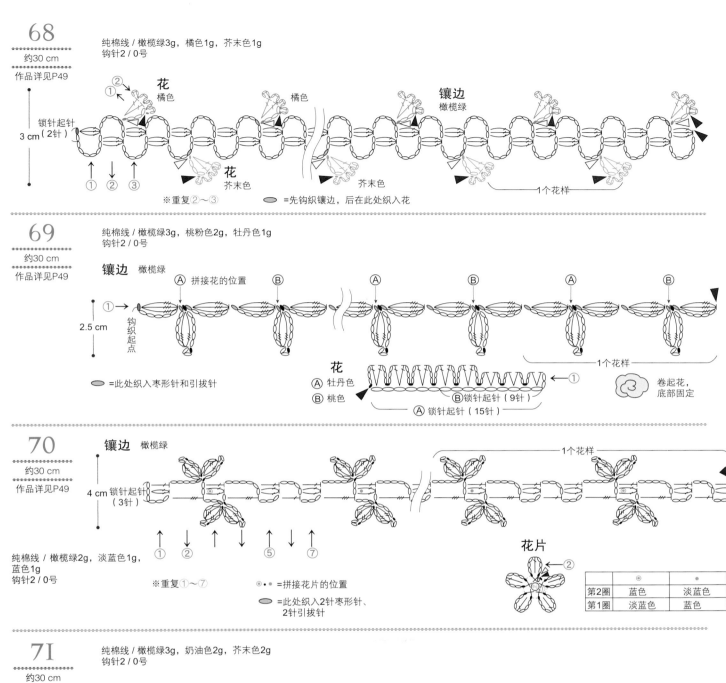

68

约30 cm

作品详见P49

纯棉线 / 橄榄绿3g，橘色1g，芥末色1g
钩针2 / 0号

花 橘色

橘色

镶边 橄榄绿

锁针起针
3 cm（2针）

花 芥末色

芥末色

花 芥末色

1个花样

① ② ③

※重复②～③　　　=先钩织镶边，后在此处织入花

69

约30 cm

作品详见P49

纯棉线 / 橄榄绿3g，桃粉色2g，牡丹色1g
钩针2 / 0号

镶边 橄榄绿

拼接花的位置

Ⓐ Ⓑ Ⓐ Ⓑ Ⓐ Ⓑ

① →

2.5 cm

钩织起点

1个花样

卷起花，底部固定

=此处织入枣形针和引拔针

花
Ⓐ 牡丹色
Ⓑ 桃色

Ⓑ锁针起针（9针）
Ⓐ锁针起针（15针）　①

70

约30 cm

作品详见P49

镶边 橄榄绿

1个花样

锁针起针
4 cm （3针）

① ② ③ ④ ⑤ ⑥ ⑦

纯棉线 / 橄榄绿2g，淡蓝色1g，蓝色1g
钩针2 / 0号

※重复①～⑦

◎・● =拼接花片的位置

=此处织入2针枣形针、2针引拔针

花片

②

	◎	●
第2圈	蓝色	淡蓝色
第1圈	淡蓝色	蓝色

71

约30 cm

作品详见P49

重点提示见P41

纯棉线 / 橄榄绿3g，奶油色2g，芥末色2g
钩针2 / 0号

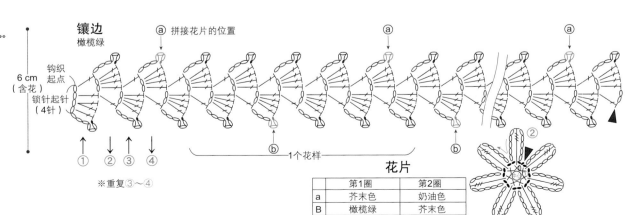

镶边 橄榄绿

ⓐ 拼接花片的位置

ⓐ ⓐ

钩织起点

6 cm
（含花）

锁针起针（4针）

① ② ③ ④

ⓑ 1个花样 ⓑ

※重复③～④

花片

②

	第1圈	第2圈
a	芥末色	奶油色
Ⓑ	橄榄绿	芥末色

64
65
66
67

钩织方法：P46
设　　计：OKA MARIKO
制　　作：OHNISHI FUTABA

68
69
70
71

钩织方法：P47
设　计：OKA MARIKO
制　作：OHNISHI FUTABA

49

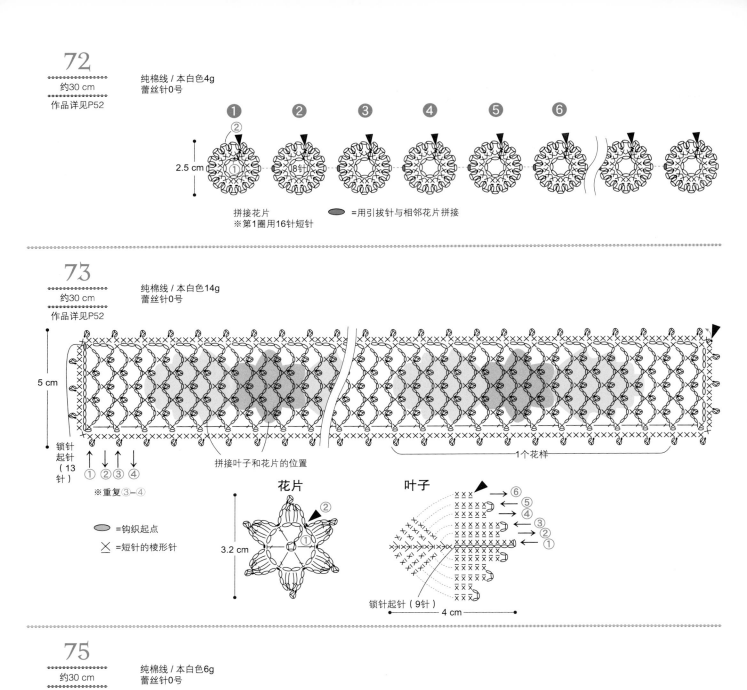

72

约30 cm

作品详见P52

纯棉线 / 本白色4g
蕾丝针0号

❶ ❷ ❸ ❹ ❺ ❻

2.5 cm

② ①

8针

拼接花片
※第1圈用16针短针

⬭ =用引拔针与相邻花片拼接

73

约30 cm

作品详见P52

纯棉线 / 本白色14g
蕾丝针0号

5 cm

锁针
起针
（13
针）

① ② ③ ④

※重复③—④

拼接叶子和花片的位置

1个花样

⬭ =钩织起点

╳ =短针的棱形针

花片

3.2 cm

②
①

叶子

⑥
⑤
④
③
②
①

锁针起针（9针）
4 cm

75

约30 cm

作品详见P56

重点提示见P53

纯棉线 / 本白色6g
蕾丝针0号

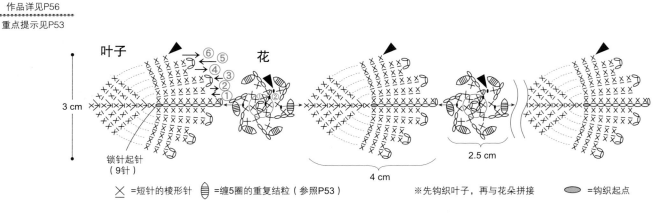

叶子

⑥⑤
④③
②①

花

3 cm

锁针起针
（9针）

2.5 cm

4 cm

╳ =短针的棱形针　　⬭ =缠5圈的重复结粒（参照P53）　　※先钩织叶子，再与花朵拼接　　⬭ =钩织起点

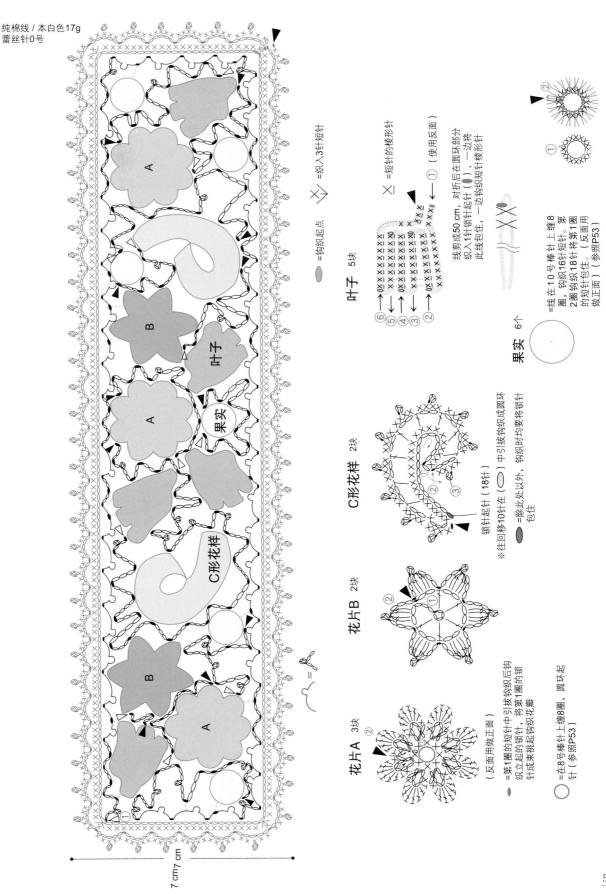

约30 cm

作品详见P52

重点提示见P53

纯棉线 / 本白色17g
蕾丝针0号

※锁针起针（278针），钩织边框
※花片置于框中间，将线接到①处，与外圈相接
※花片间用锁针连接

※锁针起针（278针），钩织边框
※花片置于手框中间，将线接到①处，与外圈相接
※花片间用锁针连接

7 cm 7 cm

=钩织起点

=钩织起点

=织入3针短针

X =短针

X =织入3针短针

叶子 5块

X =短针的棱形针

①（使用反面）

线剪成50 cm，对折后在圆环部分
织入1针锁针起针（●），一边将
此线短针包住，一边钩织短针棱形针

果实 6个

=线在10号棒针上缠8
圈，钩织16针短针。第
2圈钩织18针将第1圈
的短针包住。（反面用
做正面）（参照P53）

C形花样 2块

锁针起针（18针）

※往回移10针在（○）中引拔钩织成圆环
※除此处以外，钩织时均要将锁针
包住

花片B 2块

花片A 3块

=第1圈的短针中引拔钩织后钩
织的锁针。将第1圈的锁
织立起的锁针，将第1圈钩
针成束挑起钩织花瓣
（反面用做正面）

=在8号棒针上缠8圈，圆环起
针（参照P53）

立体感十足的花、叶子等爱尔兰花样，华丽而高雅，让人沉醉。我们既可以将各个花样拼接起来，又可以将其缝到网状钩织花样底部上，试着用喜欢的花样做做看吧。

PART
IV

爱尔兰花样

72
73
74

钩织方法：72・73-P50
74-P51
设计制作：风工坊

- 果实的钩织方法

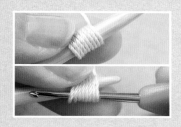

1 线在10号棒针（可用直径约5mm的筷子、铅笔代替）上缠8圈，缠好的线移动到针尖，接着插入蕾丝针。

2 取出棒针，针上挂线，按照箭头所示引拔抽出。

3 在线圈中钩织1针立起的锁针，再钩织1针短针后如图。

4 第1圈钩织16针短针，再在最初的针目中引拔钩织后如图。

- 花的重复结粒（缠5圈）钩织方法

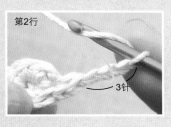

5 将第1圈的短针包住，钩织第2圈，织入18针短针。

6 果实完成。反面作为果实正面。

1 钩织3针锁针，"针上挂线，按照箭头所示，从锁针的下方引拔抽出线"。

2 引拔抽出1次后如图。

3 重复4次步骤1"针上挂线，按照箭头所示，从锁针的下方引拔抽出线"，针上挂线再按照箭头所示引拔钩织。

4 引拔钩织完成后如图。

5 按照步骤4的箭头所示，从锁针的下方挂线引拔抽出。

6 完成缠5圈的重复结粒。接着按照步骤5所示的方法，从锁针的下方引拔抽出线，钩织1针短针。

76

約30 cm

作品详见P56

纯棉线 / 本白色5g
蕾丝针0号

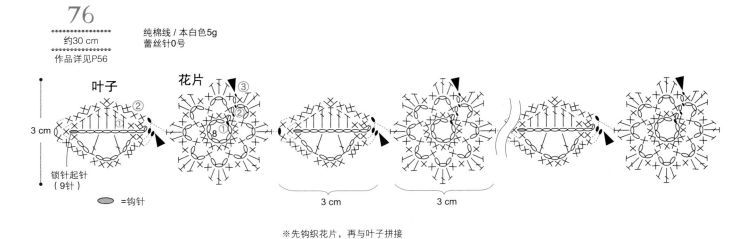

叶子　　花片

3 cm

锁针起针
（9针）

3 cm　　3 cm

⬭ =钩针

※先钩织花片，再与叶子拼接

77

约30 cm

作品详见P56

纯棉线 / 本白色14g
蕾丝针0号

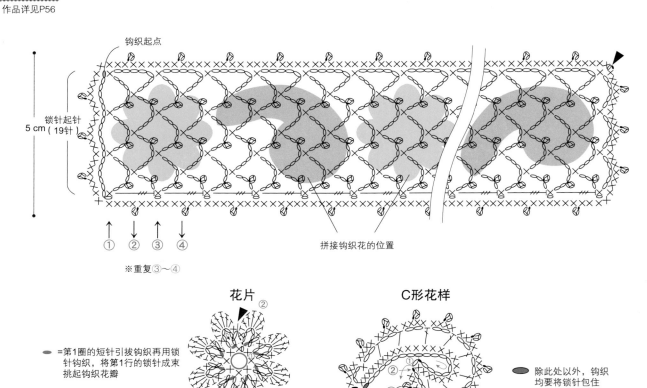

钩织起点

锁针起针
5 cm（19针）

① ② ③ ④

※重复③～④

拼接钩织花的位置

花片　　　　　　　C形花样

⬭ =第1圈的短针引拔钩织再用锁
　针钩织，将第1行的锁针成束
　挑起钩织花瓣

〇 =在8号棒针上缠8圈进行圆环
　起针（参照P53）

锁针起针（18针）
※往回移10针，在（　）中引拔钩织成圆环

⬭ 除此处以外，钩织
　均要将锁针包住

78

纯棉线 / 本白色15g
蕾丝针0号

❶　　　　　　　　❷　　　　　　　　❸

7 cm

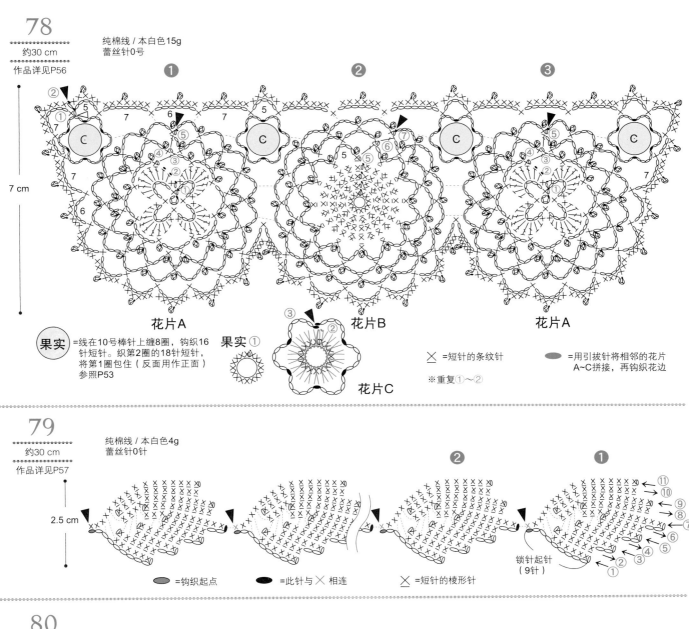

花片A　　　　　花片B　　　　　花片A

果实 =线在10号棒针上缠8圈，钩织16
针短针。织第2圈的18针短针，
将第1圈包住（反面用作正面）
参照P53

果实①

花片C

✕ =短针的条纹针

⬭ =用引拔针将相邻的花片
A~C拼接，再钩织花边

※重复①~②

79

纯棉线 / 本白色4g
蕾丝针0针

❷　　　　　　　　❶

2.5 cm

锁针起针
（9针）

⬭ =钩织起点　　　⬬ =此针与 ✕ 相连　　　✕ =短针的棱形针

80

纯棉线 / 本白色5g
蕾丝针0号

3.5 cm

B

A

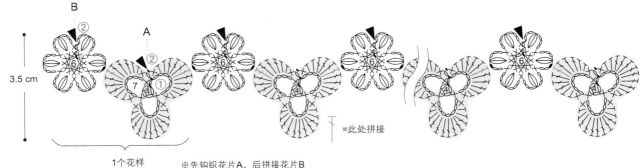

=此处拼接

1个花样

※先钩织花片A，后拼接花片B

55

75
76
77
78

钩织方法：75-P50
　　　　　76・77-P54
　　　　　78-P55
设计制作：风工坊

79
80
81
82

钩织方法：79・80-P55
81・82-P58
设计制作：风工坊

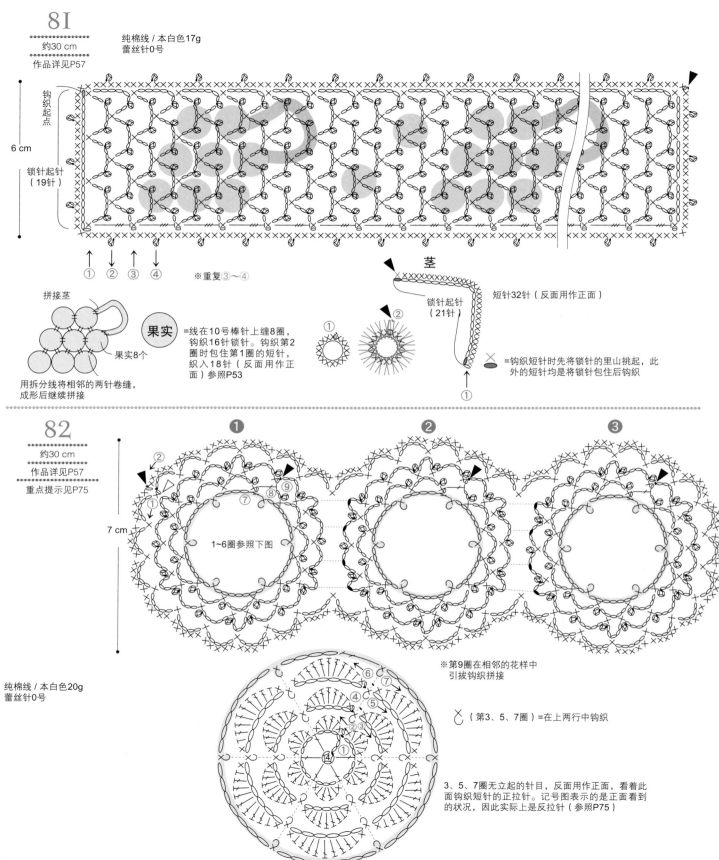

81

约30 cm
作品详见P57

纯棉线 / 本白色17g
蕾丝针0号

6 cm

钩织起点

锁针起针
（19针）

① ② ③ ④
※重复③～④

拼接茎

果实

果实8个
用拆分线将相邻的两针卷缝，
成形后继续拼接

果实 =线在10号棒针上缠8圈，钩织16针锁针。钩织第2圈时包住第1圈的短针，织入18针（反面用作正面）参照P53

茎

短针32针（反面用作正面）

锁针起针
（21针）

① ②
①

✕ =钩织短针时先将锁针的里山挑起，此外的短针均是将锁针包住后钩织

82

约30 cm
作品详见P57
重点提示见P75

7 cm

❶ ❷ ❸

1~6圈参照下图

纯棉线 / 本白色20g
蕾丝针0号

※第9圈在相邻的花样中引拔钩织拼接

（第3、5、7圈）=在上两行中钩织

3、5、7圈无立起的针目，反面用作正面，看着此面钩织短针的正拉针。记号图表示的是正面看到的状况，因此实际上是反拉针（参照P75）

83

約30 cm

作品详见P60

纯棉线 / 淡黄绿色2g
蕾丝针0号

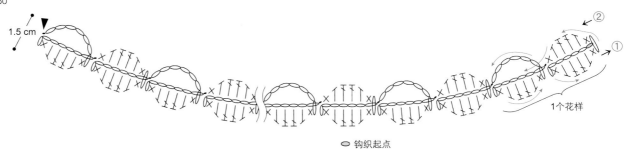

1.5 cm

② ①

1个花样

◯=钩织起点

84

約30 cm

作品详见P60

纯棉线 / 粉色2g
蕾丝针0号

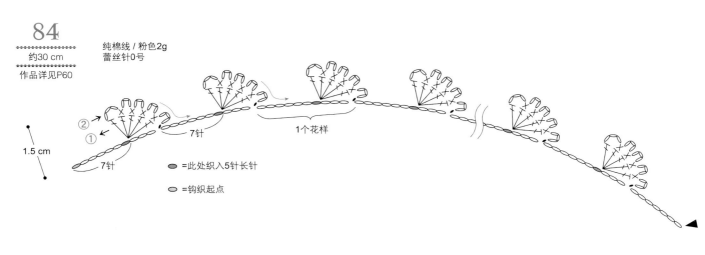

② ①

1.5 cm

7针

7针

1个花样

◉=此处织入5针长针

◯=钩织起点

85

約30 cm

作品详见P60

纯棉线 / 米白色4g
蕾丝针0号

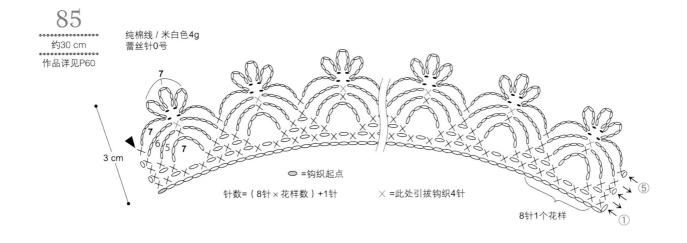

7

7

6 5 7

3 cm

⑤ ①

◯=钩织起点

针数=（8针×花样数）+1针

×=此处引拔钩织4针

8针1个花样

下面介绍一些可拼接到领口，适合用做项链的弧形饰边和镶边。用锁针和短针钩织出精致奢华风格的饰物及浪漫风格的荷叶边饰物，让颈部演绎出万种风情。

PART V

花朵
颈部饰物

83
84
85

钩织方法：P59
设计制作：镰田惠美子

◆ 七宝针的钩织方法

1 锁针起针[（8针×花样数）+1针]，将挂在针上的针目拉成1cm。针上挂线，按照箭头所示，引拔抽出后出钩织出大大的锁针。

2 按照箭头所示，将钩针插入锁针的里山中。

3 针上挂线，从里山引拔抽出。

4 再挂线，钩织短针。1针七宝针钩织完成后如图。

5 继续按照步骤1"将挂在针上的针目拉成1cm"的方法钩织。

6 重复步骤2~4，钩织完2针七宝针后如图。

7 然后将起针的半针和里山挑起，钩织短针。

8 重复步骤1~7，钩织第1部分。

9 钩织终点处将钩针插入起点处的起针中，织入中长针。第1部分钩织完成后如图。

10 变换织片的方向钩织第2部分，重复步骤1~6，织入2针七宝针，在第1部分的短针中再织入短针，固定。

11 第2部分钩织完成。按照记号图继续钩织。

86

约30 cm

作品详见P64

棉涤纶混纺 / 浅粉色3g
蕾丝针0号

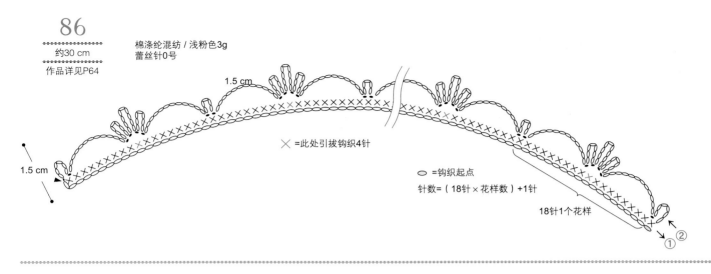

1.5 cm

1.5 cm

✕ =此处引拔钩织4针

◯ =钩织起点

针数=（18针×花样数）+1针

18针1个花样

87

约30 cm

作品详见P64

棉涤纶混纺 / 本白色4g
蕾丝针0号

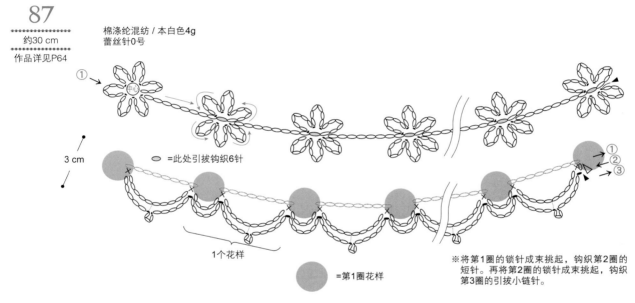

3 cm

中心

◯ =此处引拔钩织6针

1个花样

⬤ =第1圈花样

※将第1圈的锁针成束挑起，钩织第2圈的
短针。再将第2圈的锁针成束挑起，钩织
第3圈的引拔小链针。

88

约30 cm

作品详见P64

纯棉线 / 淡米褐色6g
蕾丝针0号

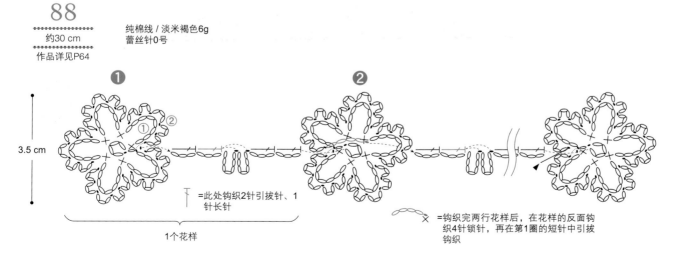

3.5 cm

❶   ❷

┰ =此处钩织2针引拔针、1
  针长针

1个花样

◯ =钩织完两行花样后，在花样的反面钩
✕ 织4针锁针，再在第1圈的短针中引拔
   钩织

89

約30 cm

作品详见P65

纯棉线 / 柠檬色3g
蕾丝针0号

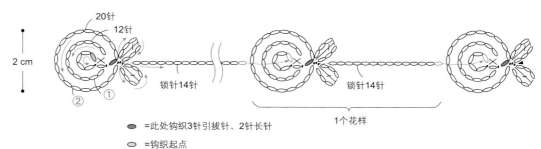

20针

12针

2 cm

锁针14针

锁针14针

1个花样

②

①

⬤ =此处钩织3针引拔针、2针长针

○ =钩织起点

90

约30 cm

作品详见P65

棉涤纶混纺 / 浅灰粉色4g
蕾丝针0号

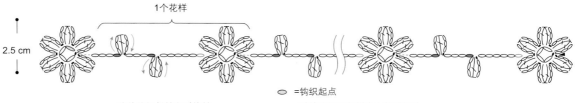

1个花样

2.5 cm

○ =钩织起点

⬤ =此处钩织长针和引拔针

○ =继续钩织至花样中心的锁针处

9I

约30 cm

作品详见P65

棉涤纶混纺 / 嫩绿色3g
蕾丝针0号

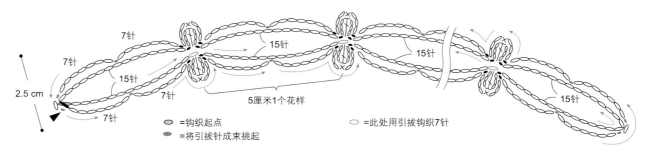

7针

7针

15针

15针

7针

15针

2.5 cm

7针

5厘米1个花样

15针

○ =钩织起点

⬤ =将引拔针成束挑起

○ =此处用引拔钩织7针

86
87
88

钩织方法：P62
设计制作：草本美树

89
90
91
92

钩织方法：89・90・91-P63
92-P66
设计制作：草本美树

92

约30 cm
作品详见P65

纯棉线 / 蓝色4g
蕾丝针0号

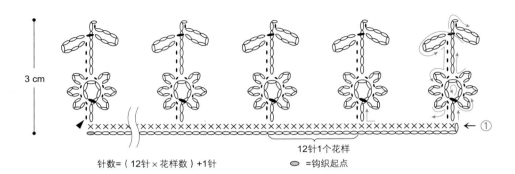

3 cm

12针1个花样

针数=（12针×花样数）+1针　　　● =钩织起点

93

约30 cm
作品详见P68

纯棉线 / 本白色3g
钩针2 / 0号

● =钩织起点　　　※重复③～④

1.5 cm

①
②
③
④

1个花样

94

约30 cm
作品详见P68

纯棉线 / 本白色7g
钩针2 / 0号

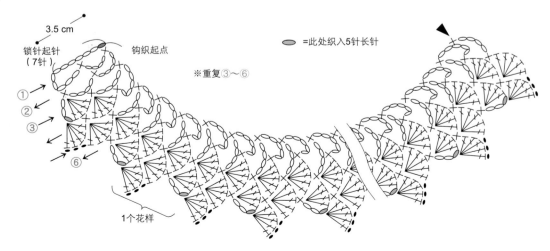

3.5 cm

锁针起针
（7针）

钩织起点

● =此处织入5针长针

※重复③～⑥

①
②
③
⑥

1个花样

95

約30 cm

作品详见P68

重点提示见P61

纯棉线 / 本白色3g

钩针2 / 0号

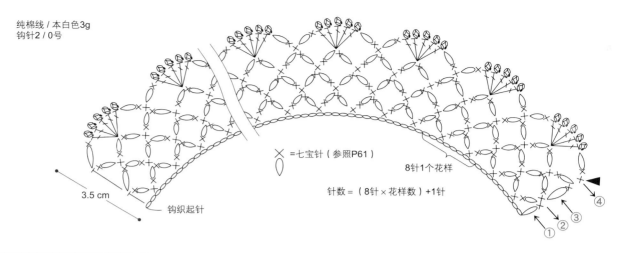

✕ =七宝针（参照P61）

8针1个花样

针数 =（8针×花样数）+1针

3.5 cm

钩织起针

① ② ③ ④

96

约30 cm

作品详见P68

纯棉线 / 本白色9g

钩针2 / 0号

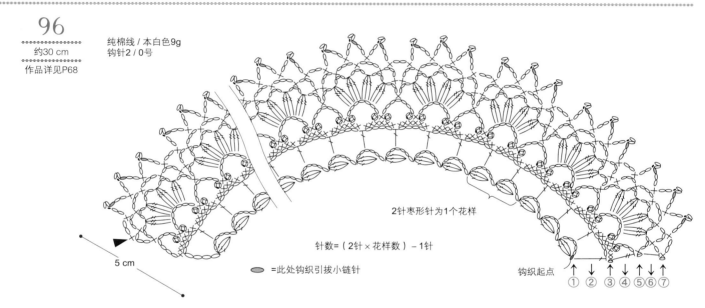

5 cm

2针枣形针为1个花样

针数 =（2针×花样数）- 1针

⬭ =此处钩织引拔小链针

钩织起点

① ② ③ ④ ⑤ ⑥ ⑦

97

约30 cm

作品详见P69

纯棉线 / 本白色2g

钩针2 / 0号

1.2 cm

①

钩织起点

1个花样

⬭ • ⬭ =此处钩织引拔小链针

93
94
95
96

钩织方法：93・94-P66
　　　　　　95・96-P67
设　　计：冈本启子
制　　作：土谷美由纪、播口久子

钩织方法：97-P67
98・99・100-P70
设　　计：冈本启子
制　　作：土谷美由纪、宫崎满子、宫本真由美

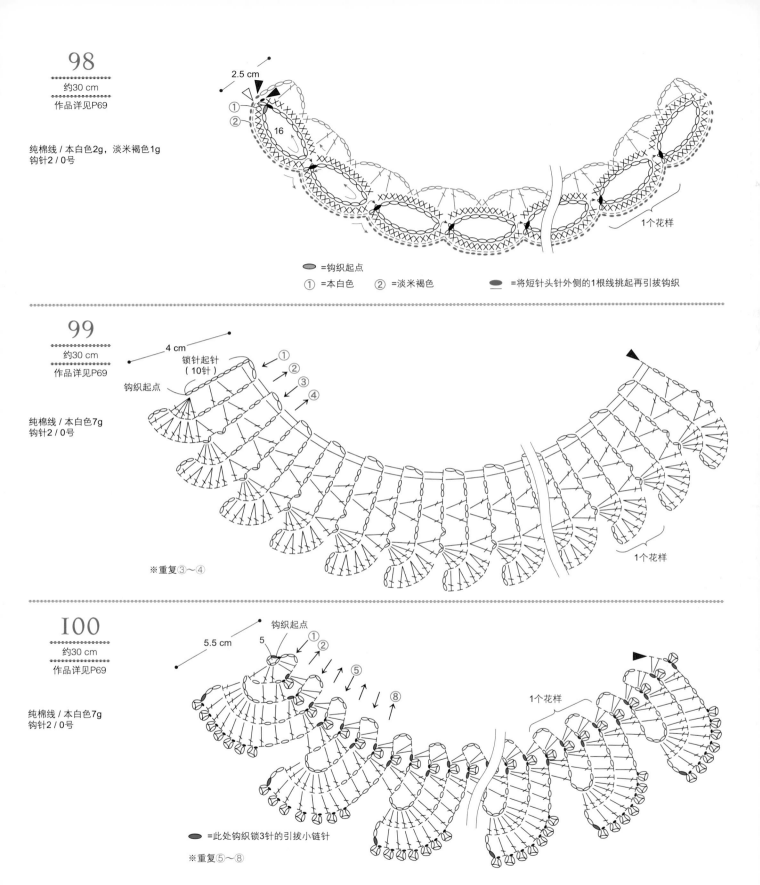

98
約30 cm
作品详见P69

纯棉线 / 本白色2g，淡米褐色1g
钩针2 / 0号

2.5 cm

① 本白色

16

=钩织起点

① =本白色　② =淡米褐色　　=将短针头针外侧的1根线挑起再引拔钩织

1个花样

99
約30 cm
作品详见P69

纯棉线 / 本白色7g
钩针2 / 0号

4 cm

锁针起针
（10针）

钩织起点

① ② ③ ④

※重复③～④

1个花样

100
約30 cm
作品详见P69

纯棉线 / 本白色7g
钩针2 / 0号

5.5 cm

钩织起点

5

① ② ⑤ ⑧

1个花样

=此处钩织锁3针的引拔小链针

※重复⑤～⑧

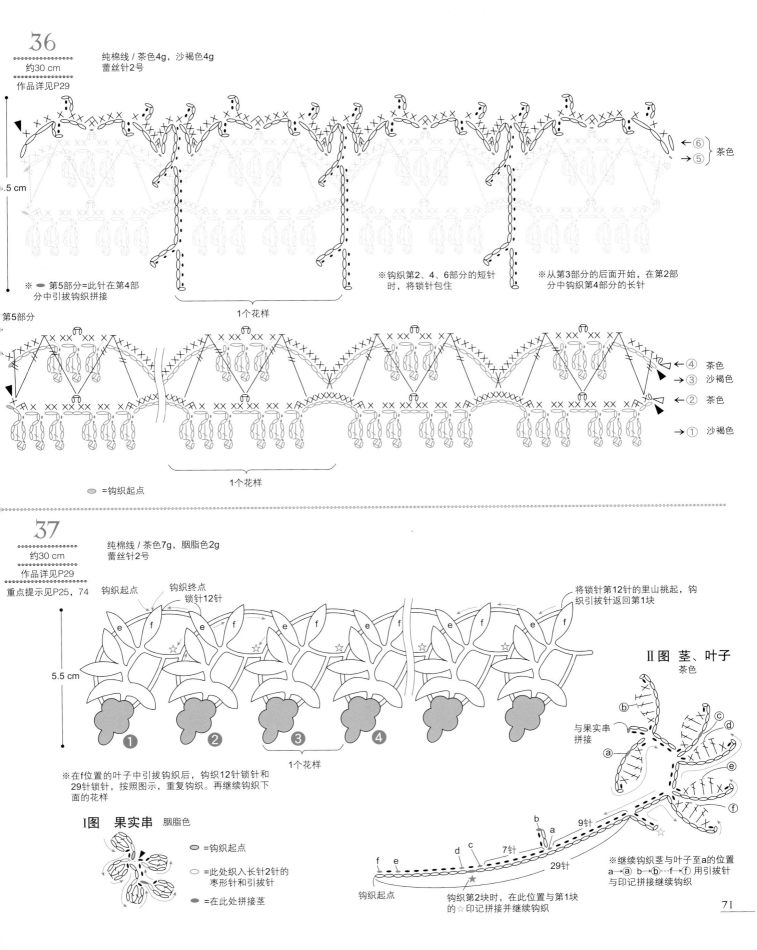

36

約30 cm

作品详见P29

純棉線 / 茶色4g，沙褐色4g
蕾丝针2号

←⑥ 茶色
→⑤

.5 cm

※ ⬭ 第5部分=此针在第4部分中引拔钩织拼接

第5部分

※钩织第2、4、6部分的短针时，将锁针包住

※从第3部分的后面开始，在第2部分中钩织第4部分的长针

1个花样

←④ 茶色
→③ 沙褐色
←② 茶色
→① 沙褐色

1个花样

⬭ =钩织起点

37

約30 cm

作品详见P29

重点提示见P25，74

純棉線 / 茶色7g，胭脂色2g
蕾丝针2号

钩织起点　钩织终点
锁针12针

将锁针第12针的里山挑起，钩织引拔针返回第1块

Ⅱ图　茎、叶子
茶色

5.5 cm

与果实串拼接

❶ ❷ ❸ ❹

1个花样

※在f位置的叶子中引拔钩织后，钩织12针锁针和29针锁针，按照图示，重复钩织。再继续钩织下面的花样

Ⅰ图　果实串　胭脂色

⬭ =钩织起点

⬭ =此处入长针2针的枣形针和引拔针

⬭ =在此处拼接茎

钩织起点

钩织第2块时，在此位置与第1块的☆印记拼接并继续钩织

7针　9针　29针

※继续钩织茎与叶子至a的位置
a→ⓐ b→ⓑ……f→ⓕ 用引拔针与印记拼接继续钩织

71

（实物大）

下面介绍本书中使用的棉线色彩样本。
丰富多彩的颜色，会让你的作品与众不同。

纯棉线
纯色

棉100%　　　蕾丝针0号～钩针2/0号

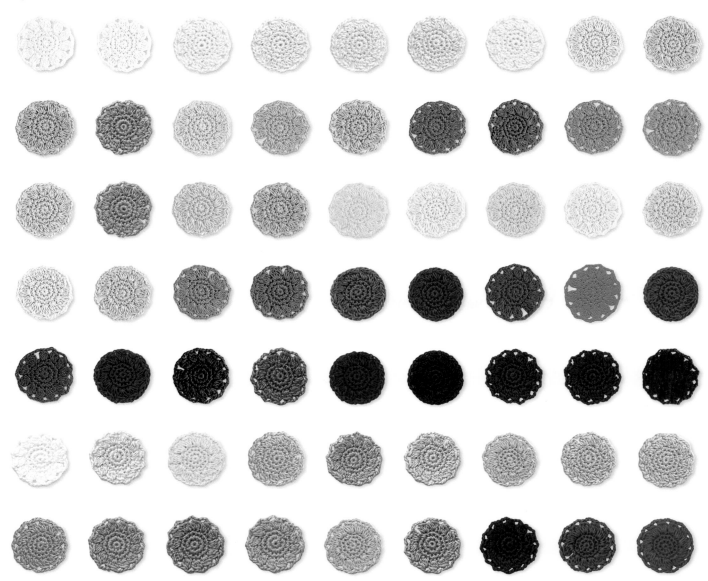

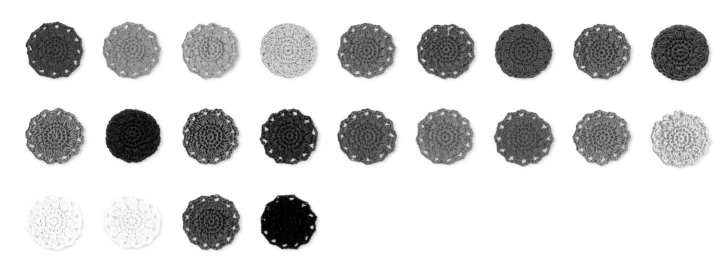

混色

棉涤纶混纺线

棉97%、涤纶3%　　蕾丝针0号~钩针2/0号

棉96%、涤纶4%　　蕾丝针0号~钩针2/0号

钩针日制针号换算表

日制针号	钩针直径
2 / 0	2.0mm
3 / 0	2.3mm
4 / 0	2.5mm
5 / 0	3.0mm
6 / 0	3.5mm
7 / 0	4.0mm
7.5 / 0	4.5mm
8 / 0	5.0mm
10 / 0	6.0mm
0	1.75mm
2	1.50mm
4	1.25mm
6	1.00mm
8	0.90mm

其他重点提示

重点提示 22 作品详见P20

- 在蕾丝花边中钩织的方法

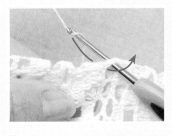   

1 蕾丝花边两端向后折3次，然后将钩针插入蕾丝花边的孔中，针上挂线按照箭头所示方向引拔抽出。

2 在同一孔中钩织1针立起的锁针和短针。

3 重复钩织"4针锁针、1针短针"。

4 按照记号图沿蕾丝花边的图案，重复钩织步骤3"4针锁针、1针短针"的针法。

重点提示 37 作品详见P29

- 成串果实的钩织方法

1 钩织4针锁针，针上挂线按照箭头所示方向将钩针插入第2针锁针的里山中，钩织长针2针的枣形针。

2 枣形针钩织完成后如图。

3 钩织2针锁针，按照箭头所示，将钩针插入步骤1的同一针目中。

4 钩织引拔针，再按照箭头所示将钩针插入钩织起点锁针的里山中。

5 引拔钩织，完成1个果实后如图。

6 钩织3针锁针，再针上挂线，按照箭头所示，将钩针插入第1个针目的里山中，钩织第2个果实。

7 第2个果实钩织完成后如图。

8 按照相同的方法，钩织5个花样，成串的果实完成。

重点提示 82 作品详见P57

- 立体花片的钩织方法 ╳（短针的正拉针）

I 按照记号图钩织至第2圈。

2 翻转织片，反面置于内侧，钩织第3圈。

3 按照步骤2的箭头所示，将第1圈成束挑起，针上挂线按照箭头所示方向引拔抽出。

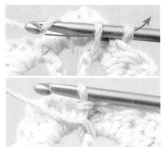

4 再次在针上挂线，钩织短针。短针的正拉针完成。

5 重复钩织5针锁针、1针短针的正拉针。第3圈钩织完成后如图。

6 翻转织片，正面置于内侧。针目变成反拉针。

7 将第3行锁针成束挑起按照记号图钩织第4圈。

8 钩织完第4圈，一个花片完成。全部共6个花样。

重点提示 <通用的钩织基础>

- 从锁针起针中挑针的方法

正面

反面

[将锁针的里山挑起]

将锁针的里山挑起钩织。起针锁针完整，顶端的线才更加漂亮。

[将锁针的半针和里山两根线挑起]

将锁针上侧半针和里山的两根线挑起钩织。此方法具有稳定感，针目密实。

[将锁针的半针挑起]

将锁针上侧半针的线挑起钩织。此方法清晰明了，适合初学者。缺点是起针容易发生伸缩。

记号图的看法

根据日本工业规格（JIS），所有的记号表示的都是编织物表面的状况。钩针编织没有正面和反面的区别（拉针除外）。交替看正反面进行平针编织时，也用相同的记号表示。

❖ 从中心开始钩织圆环时

在中心编织圆圈（或是锁针），像画圆一样逐圈钩织。每圈的起针处都立钩织。通常情况下都面对编织物的正面，从右到左看记号图进行钩织。

▼=断线

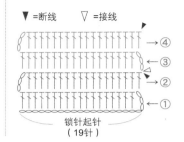

▼ =断线　▽ =接线

锁针起起针
（19针）

❖ 平针钩针

特点是左右两边都有立锁针。当右侧出现立起的锁针时，将织片的正面置于内侧，从右到左参照记号图进行钩织。当左侧出现立锁针时，将织片的反面置于内侧，从左到右看记号图进行钩织。图中所示的是在第3圈更换配色线的记号图。

锁针的看法

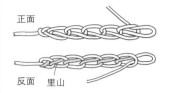

正面

反面　里山

锁针有正反之分。反面中央的一根线称为锁针的"里山"。

线和针的拿法

1　将线从左手的小指和无名指间穿过，绕过食指，线头拉到内侧。

2　拇指和中指捏住线头，食指挑起，将线拉紧。

3　拇指和食指握住针，中指轻放到针头处。

最初起针的方法

1　线在左手食指上绕两圈，形成圆环。

2　圆环从手指上取出，钩针插入圆环中，引拔将线抽出。

3　钩针从圆环中穿过，再在内侧引拔穿出线圈。

4　拉动线头，收紧针目，最初的起针完成（此针并不计入针数）。

起针

从中心开始钩织圆环时（用线头制作圆环）

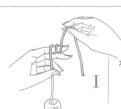

1　将线缠在手指上。

2　钩针插入圆环中，将线引拔抽出。

引拔抽出的针目

3　接着在针上挂线，引拔抽出，钩织1针立起的锁针。

4　钩织第1行时，将钩针插入圆环中，织入必要数目的短针。

5　暂时取出钩针，拉动最初圆环的线和线头，收紧线圈。

6　第1行末尾时，钩针插入最初短针的头针中引拔钩织。

从中心开始钩织圆环时（用锁针作为圆环）

1　织入必要数目的锁针，把钩针插入最初锁针的半针中引拔钩织。

2　针尖挂线后引拔抽出，钩织立起的锁针。

3　钩织第1圈时，将钩针插入圆环中心，将锁针成束挑起，织入必要数目的短针。

4　第1圈末尾时，钩针插入最初短针的头针中，挂线后引拔钩织。

起针

平针钩织

I｜织入必要数目的锁针和立起的锁针，在从头数的第2针锁针中插入钩针。

立起的1针锁针

2｜针尖挂线后引拔抽出线。

3｜第1行钩织完成后如图。（立起的1针锁针不计入针数）。

将上一行针目挑起的方法

即便是同样的枣形针，根据不同的记号图，挑针的方法也不相同。记号图的下方封闭时表示在上一行的同一针中钩织，记号图的下方打开时表示将上一行的锁针成束挑起钩织。

在同一针目中钩织

将锁针成束挑起钩织

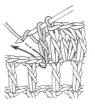

针法符号

锁针

I｜钩织最初的针目，针上挂线。

2｜引拔抽出挂在针上的线。

3｜按照步骤I、2的方法重复。

4｜钩织完5针锁针。

5针

引拔针

I｜钩针插入上一行的针目中。

2｜针尖挂线。

3｜一次性引拔抽出线。

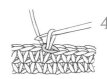

4｜完成1针引拔针。

短针

I｜钩针插入上一行的针目中。

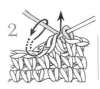

2｜针尖挂线，从内侧引拔穿过线圈。

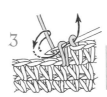

3｜再次针尖挂线，一次性引拔穿过2个线圈。

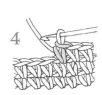

4｜完成1针短针。

中长针

I｜针尖挂线，钩针插入上一行的针目中挑起钩织。

2｜再次针尖挂线，从内侧引拔穿过线圈。

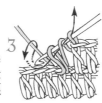

3｜针尖挂线，一次性引拔穿过3个线圈。

4｜完成1针中长针。

Basic Lesson
❧ 花边钩织的基础 ❧

针法符号

 长针

 I 针尖挂线，钩针插入上一行的针目中。再在针尖挂线，从内侧引拔穿过线圈。

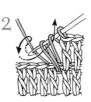 2 按照箭头所示方向，引拔穿过2个线圈（此状态称为未完成的长针）。

 3 再次针尖挂线，按照箭头所示方向，引拔穿过剩下的2个线圈。

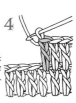 4 完成1针长针。

长长针　3卷长针

 I 线在针尖缠2圈（3卷长针缠3圈），钩针插入上一行的针目中。针尖挂线，从内侧引拔穿过线圈。

 2 按照箭头所示方向，引拔穿过2个线圈。

 3 按照步骤2的方法重复2次（3卷长针重复3次）。

 4 完成1针长长针。

短针2针并1针

 I 按照箭头所示，将钩针插入上一行的针目中，引拔穿过线圈。

 2 下一针也按同样的方法引拔并穿过线圈。

 3 针尖挂线，引拔穿过3个线圈。

 4 短针2针并1针完成（比上一行少1针）。

 短针1针分2针
 短针1针分3针

 I 钩织1针短针。

 2 钩针插入同一针目中，从内侧引拔穿过线圈，钩织短针。

 3 织入2针短针，再在同一针目中织入1针短针。

 4 一个针目中织入了3针短针。（比上一行多2针）

长针2针并1针

  I 在针目中钩织1针未完成的长针，按照箭头所示方向，将钩针插入下一针目中，引拔抽出线。

 2 针尖挂线，引拔穿过2个线圈，钩织出第2针未完成的长针。

 3 再次在针尖挂线，一次性引拔穿过3个线圈。

 4 长针2针并1针完成（比上一行少1针）。

长针1针分2针

  I 钩织完1针长针，在同一针目中再钩织1针长针。

 2 针尖挂线，引拔穿过2个线圈。

 3 再在针尖挂线，引拔穿过剩下的2个线圈。

 4 1个针目中织入了2针长针（比上一行多了1针）。

长针3针的枣形针

  I 在针目中，钩织1针未完成的长针。

 2 在同一针目中插入钩针，再织入2针未完成的长针。

 3 针尖挂线，一次性引拔穿过4个线圈。

 4 完成长针3针的枣形针。

针法符号

长针5针的爆米花针

I 在同一针目中织入5针长针，暂时取出钩针，按照箭头所示插入。

2 按照箭头所示方向从内侧引拔拉出挂在针尖的针目。

3 再钩织1针锁针，拉紧。

4 完成长针5针的爆米花针。

中长针3针的变化枣形针

I 钩针插入上一行的针目中，钩织3针未完成的中长针。

2 针尖挂线后按照箭头所示方向，引拔穿过6个线圈。

3 再次在针尖挂线，一次性引拔穿过剩下的针目。

4 中长针3针的变化枣形针完成。

✕ 短针的条纹针

I 钩织1针立起的锁针，将上一行外侧的半针挑起，钩织短针。

2 看着每行的正面钩织。短针钩织成圈，在最初的针目中引拔钩织。

3 按照步骤2的要领，继续钩织短针。

4 上一行内侧的半针形成条纹状。钩织完第3行短针的条纹针后如图。

✕ 短针的棱形针

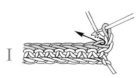
I 按照箭头所示方向，钩针插入上一行针目外侧的半针中。

2 钩织短针，按同样的方法将钩针插入下一针目外侧的半针中。

3 钩织至顶端，变换织片的方向。

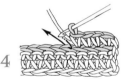
4 按照步骤1、2的方法，将钩针插入外侧的半针中，钩织短针。

锁3针的引拔小链针

I 钩织3针锁针。
2 钩针插入锁针的头半针和尾针中。

3 针尖挂线，按照箭头所示方向一次性引拔线圈。

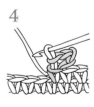
4 完成锁3针的引拔小链针。

其他基础索引

长针1针交叉（中间1针锁针）…参照P38

重复结粒…参照P53

七宝针…参照P61

短针的正拉针…参照P75

在蕾丝花边中钩织的方法…（引拔针）参照P9
…（链式针）参照P9
…（短针）参照P74

花样的拼接方法（用引拔针拼接）…P41

花片的拼接方法…参照P41

从锁针起针中挑针的方法…参照P75

TITLE: ［はじめてのレース編み　花のエジング＆ブレード１００］
BY: ［E&G CREATES CO.,LTD.］
Copyright © E&G CREATES CO., LTD., 2010
Original Japanese language edition published by E&G CREATES CO.,LTD.
All rights reserved. No part of this book may be reproduced in any form without the written permission of the publisher.
Chinese translation rights arranged with E&G CREATES CO.,LTD.
Tokyo through Nippon Shuppan Hanbai Inc.

日本美创出版授权河南科学技术出版社在中国大陆独家出版发行本书中文简体字版本。

著作权合同登记号：图字16—2011—230

图书在版编目（CIP）数据

钩出超可爱立体小物件100款. 花朵主题的花边篇／日本美创出版编著；何凝一译. —郑州：河南科学技术出版社，2013.6
ISBN 978-7-5349-6138-0

Ⅰ.①钩…　Ⅱ.①日…②何…　Ⅲ.①钩针—编织—图集
Ⅳ.①TS935.521-64

中国版本图书馆CIP数据核字（2013）第058723号

策划制作：北京书锦缘咨询有限公司（www.booklink.com.cn）
总 策 划：陈　庆
策　　划：邵嘉瑜
设计制作：王　青

出版发行：河南科学技术出版社
　　　　　地址：郑州市经五路 66 号　　邮编：450002
　　　　　电话：（0371）65737028　65788613
　　　　　网址：www.hnstp.cn
责任编辑：刘　欣　王　丹
责任校对：李　琳
印　　刷：北京世汉凌云印刷有限公司
经　　销：全国新华书店
幅面尺寸：210mm×260 mm　　印张：5　　字数：100千字
版　　次：2013年6月第1版　　2013年6月第1次印刷
定　　价：28.00元

如发现印、装质量问题，影响阅读，请与出版社联系并调换